# 「micro:bit v2」ではじめる電子工作

マイクロビット

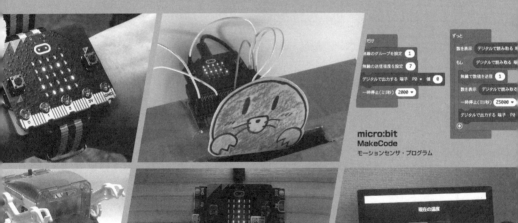

micro:bit
MakeCode
モーションセンサ・プログラム

無線のグループを設定 1
無線の送信速度を設定 7
デジタルで出力する 端子 P0 ▼ 値 0
一時停止（ミリ秒） 2000 ▼

ずっと
数を表示 デジタルで読み取る 端
もし デジタルで読み取る 端
無線で数値を送信 1
数を表示 デジタルで読み取る
一時停止（ミリ秒） 25000 ▼
デジタルで出力する 端子 P0

現在の温度

——26℃

# はじめに

電子工作をはじめたいと思っても電子工作には独特の作法が存在します。

電子工作には、マイコンについている(もしくは取り付けた)LEDをチカチカと光らせる、「Lチカ」と呼ばれる方法があります。

はじめてマイコンに触れる場合は、必ず教えられ、簡単にLEDを光らせることができました。

*

しかし、何かを作ってみようと思うと、ハードウエアの知識、プログラミングの知識が求められ、急激にハードルが上がったと感じます。

私自身、電子工作をはじめたときは、いろいろな方に教えてもらい、1つ1つ理解していきました。

「micro:bit」は電子工作特有の作法を、すべて理解しなくても作品を作れるように設計されており、はじめての方でもすぐに作品を作ることができます。

*

本書では「micro:bit」の機能やプログラミングの説明以外に、作品のサンプルを多く掲載しています。

また、「micro:bit」単体でできる作品以外にも、外部センサーなどを使って、より高度な作品にチャレンジできるように紹介しています。

子供から大人まで電子工作を楽しくはじめられる内容になっています。

この本が皆さんにとって、電子工作の一歩を踏み出す一助になれば幸いです。

平間　久美子

# 「micro:bit v2」ではじめる電子工作

## CONTENTS

# 「サンプル・プログラム」のダウンロード

　本書の「サンプル・プログラム」は、工学社ホームページのサポートコーナーからダウンロードできます。

＜工学社ホームページ＞

http://www.kohgakusha.co.jp/support.html

ダウンロードしたファイルを解凍するには、下記のパスワードを入力してください。

Ul9xbaWf

すべて「半角」で、「大文字」「小文字」を間違えないように入力してください。

# 第1章

# 「micro:bit」の基本

「micro:bit」の歴史と各種機能、教育現場でどのように使われているかを解説します。

## 1-1 「BBC micro:bit」tとは

「BBC micro:bit」(ビービーシーマイクロビット、以後micro:bit)とは、イギリスの英国放送協会 (British Broadcasting Corporation, 以後BBC) が中心になって開発したデジタル技術と計算論的思考を教えるための教材です。

BBCでは、1980代初めから「BBC Computer Literacy Project」として、子供のコンピュータリテラシー向上を目的に活動を行なってきました。

その一環として、1981年には「BBC Micro」(ビービーシー マイクロ)をと呼ばれるパソコンを、設計製造し、イギリスの多くの学校で採用されました。

図1-1　BBCMicro（写真協力：スイッチサイエンス）

2015年に立ち上がった新たなプロジェクト「Make it Digital」では、コーディングやプログラミングなど「デジタルテクノジー」を駆使して、創造性を発揮で

きる人材を育成する事を目的に、「micro:bit」を複数の企業と提携し、設計製造しました。

そして、2016年には、100万台をイギリス国内の11歳と12歳の子供に提供しました。

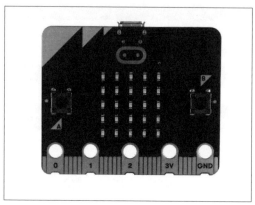

図1-2 microbit-v2

2016年10月には、世界中の学生が「micro:bit」で学ぶ機会を得られるように、「micro:bit教育財団」(Micro:bit Educational Foundation)を設立しました。

現在では、世界的な活動を展開しており、各国で「micro:bit」を利用したプログラミング教育やサービスを行なっています。

\*

日本においては、2017年に「micro:bit」の日本公式販売代理店として㈱スイッチエデュケーションから販売を開始しました。

2017年に開催された「Maker Faire Tokyo 2017」では「micro:bit」の展示販売が行なわれましたが、イベント開始から数時間で完売してしまうほどの人気でした。

その後も、物づくりを趣味とする人たちを中心に人気が高まり、"子供から大人まで電子工作を楽しむことができるマイコン"として認知されていきました。

図1-3　Maker Faire Tokyo 2017（写真協力：スイッチサイエンス）

## 1-2　micro:bitの基板

「micro:bit」は2015年に「v1」がリリースされ、2020年にはバージョンアップされた「micro:bit v2」がリリースされました。

「micro:bitの処理性能の向上」と、基板内に「マイク」「スピーカー」「タッチ検出機能」が追加されたことが「v2」の主な変更点です。

本書では、以後、「v2」を標準として紹介します。

「v1」と「v2」の基盤には違いがありますが、「Make Code」と呼ばれるmicro:bit用の開発環境で作るプログラムは互換性をもっており、「v1」のプログラムは「v2」でも問題なく動きます。

ただし、「v2で追加された機能」（マイク、スピーカー）については、「v1」単体では動きません。

*

「micro:bit」のサイズは「4cm×5cm」と手のひらに収まるサイズで、厚みは「1cm」ほどです。

バッテリーなどは内蔵されておらず、起動するには「microUSBポート」からの給電、もしくは「別売のバッテリーパック」などで電源を供給して起動します。

非常に小さく、軽いのが特徴ですが、さまざまなセンサやモジュールが実装され、実際にパーツを観察して学ぶことができる基板です。

以下で、基板に実装されているパーツについて説明します。

■**micro:bitの表**

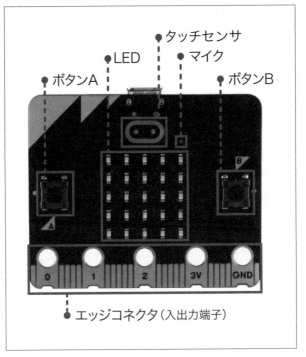

**図1-4　micro:bit表面**

●LED

　真ん中に小さいパーツが横横に25個並んでいます。
　これは「**赤色LED**」です。

　このLEDの1つ1つがプログラム可能で、アニメーションパターンを表示したり、テキストをスクロール表示したりすることができます。

●ボタン(A、B)

　「micro:bit」の左右に、ABの「**物理ボタン**」がついており、押されたかどうかを検出することが可能です。

また、同時に2つのボタンが押されたことも検出できるので、ボタンの動作を割り当てる場合、最大3つのボタン処理を設定することが可能です。

## ●ロゴ型タッチセンサ

上部の「micro:bitロゴ」(ゴールド部分)はタッチセンサとして利用が可能です。

タッチセンサは指で触ることで、ボタンのようにタッチされたかどうかを検出することが可能です。

「指」と「micro:bitロゴ」(ゴールド部分) の間に発生する微弱な静電容量の変化からタッチを検出します。

> ※ロゴ部分のタッチセンサは、「micro:bit v2」から実装された機能で、v1にはありません。

## ●マイク

「micro:bit」のロゴ型タッチセンサの右横に小さい穴が開いています。
これが「マイク」です。

マイクから周りの音を拾い、音の大きさなどを検出します。

> ※マイクはv2で新たに実装された機能です。

## ●エッジコネクタ

下部には丸い穴が5つ開いた「エッジコネクタ」と呼ばれる箇所があります。

外部接続用のピンが25個あり、別売のエッジコネクタ (3章で説明いたします)で機能拡張することが可能です。

エッジコネクタがなくとも「0」、「1」、「2」、「3V」、「GND」はワニ口クリップ (3章で説明します)を使って操作することが可能です。

## ■micro:bit裏面

図1-5　micro:bit裏面

### ●microUSBポート

上部中央にある銀色のパーツが「microUSBポート」です。

PCにつないでプログラムの書き込みや、動かすための給電を行ないます。

### ●Resetボタン

microUSBボートの右隣にあるボタンは、「Resetボタン」です。

電源を入れた状態で1回押すと、プログラムが止まり、再度初めからプログラムが動作します。

また、「micro:bit v2」からの新機能として「電源OFF」が追加されました。

PCなどにつないでいる状態だと、常に電源が供給されるので、プログラムが動き続けるということがありましたが、5秒ほどボタンを押し続けるとmicroUSB端子左側にあるLEDが点灯して電源OFF状態が始まります。

　外部バッテリなどに接続している場合、従来はバッテリーとの接続を物理的に外すことで電源供給を停止していましたが、電源OFF状態にすることで、micro:bitの電源を「OFF」にすることが可能です。

　再度リセットボタンを押すことで、microbitが再起動します。

## ●PHコネクタ

　上右端にあるPHコネクタはバッテリー専用のコネクタです。

　PHコネクタに対応した電池ケースを使いUSB以外での電源共有が可能です。

## ●スピーカー

　中央にある8角形のパーツは、「micro:bit v2」より新たに搭載された機能です。「micro:bit v2」以前では別途スピーカーやイヤホンなどを用意する必要がありました。

　さらに接続に、ワニグチクリップを使っていたので、用具と手間がかかっていました。「micro:bit v2」からは内蔵スピーカーとなり、さらに使やすくなりました。

　「micro:bit v2」に搭載されているスピーカーより大きな音を出したい、音質を良くしたいなど、スピーカーを別途用意したいときは、引き続き、ワニ口クリップで接続して使うことが可能です。

## ●無線アンテナ

　「micro:bit」には、「無線用のアンテナ」(Bluetooth)が実装されています。

　「Bluetooth」とは、デジタル機器の近距離間データ通信に使う無線通信技術の1つで、「micro:bit」の場合は、電源を入れたと同時に通信を開始します。

　少ないデータ量を頻繁にやり取りする事に向いた通信方式で、Bluetoothに位対応した他デバイス(PCや携帯など)の制御が行なえます。

> ※海外や、平行輸入で購入した「micro:bit」には、「工事設計認証」(日本の技適)が取れていない場合があるのでご注意ください。

●**加速度センサ、地磁気センサ**

「3D加速度計」と「3D磁力計」が実装されています。

「3D加速度計」では「X軸」「Y軸」「Z軸」の値を測定し、データを送り返えします。

たとえば、ボードが特定の「振れ」「傾き」「自由落下」などを検知したら、他のデバイスに通信することが可能です。

「3D磁力計」では、方位を調べることができます。
「北を向いたら、LEDを光らせる」などが可能です。

＊

「micro:bit v2」が発売され大幅に改善されたポイントが多数あります。
詳しくは下の**表1**をご確認ください。

**表1　「micro:bit」のv1とv2の違い**

| 特徴 | micro:bit v1 | micro:bit V2 |
|---|---|---|
| プロセッサ | Nordic Semiconductor nRF51822 | Nordic Semiconductor nRF52833 |
| メモリ | 256kB Flash, 16kB RAM | 512kB Flash, 128kB RAM |
| インターフェイス | NXP KL26Z, 16kB RAM | NXP KL27Z, 32kB RAM |
| マイク | なし | MEMsマイクとLEDのインジケータ |
| スピーカー | なし | オンボードスピーカー |
| タッチ検出 | なし | タッチ検出センサ |
| エッジコネクタ | 25ピン（GPIO専用3ピン、PWM、i2c、SPI、電源3V供給) | 25ピン（GPIO専用4ピン、PWM、i2c、SPI、電源3V供給)<br>※ワニロクリップ/バナナピンを接続できるのは5ピン<br>※ワニロクリップ/バナナピンを接続しやすくするため切り込みあり |

| 特徴 | micro:bit v1 | micro:bit V2 |
|---|---|---|
| I2C | 共有 | センサから独立 |
| 無線 | 2.4GHz Micro:bit Redio/BLE Bluetooth 4.0 | 2.4Ghz Micro:bit Redio/BLE Bluetooth 5.0 |
| 電源 | micro UEBポートから5V、エッジコネクタ又は、PHコネクタから3V | micro UEBポートから5V、エッジコネクタまたは、PHコネクタから3V<br>※LED電源インジケータに、電源オンオフ機能 |
| 電流 | 90mAまで外部アクセサリーに利用可能 | 200mAまで外部アクセサリーに利用可能 |
| モーションセンサ | ST LSM 303 | ST LSM 303 |
| ソフトウェア | C++, MakeCode, Python, Scratch | C++, MakeCode, Python, Scratch |

　本書では「micro:bit v2」を使った説明を行ないます。

　各パーツと作成するプログラムの解説については、**第3章**で説明しているので、ここではこのような機能があるとだけ覚えておいてください。

# 1-3 「micro:bit」と日本でのプログラミング教育

「micro:bit」は日本でもプログラミング学習に取り入れられています。

日本では学習指導要領改定に伴い2020年に小学生からのプログラミング教育が必須化されました。

\*

プログラミング教育が導入された背景としては、技術革新の急速な発展があります。

「人工知能」(AI) や「IoT」、「ビッグデータ」や「ロボット」などの技術革新が、私達の社会や生活を変えていくことが想定されており、この動きは狩猟社会、農耕社会、工業社会、情報社会に続く、新しい社会 (人間中心の社会 Society 5.0) を未来の姿として内閣が提唱している内容に紐付いています。

※内閣府 web サイトより引用 (https://www8.cao.go.jp/cstp/society5_0/)

## ■小学校教育における micro:bit

小学校教育現場での「micro:bit」を使った学習および、プログラミング導入についての課題について佐沼小学校の金洋太 先生にお話を伺いました。

金先生は学校での ICT 教育、プログラミング教育に取り込む一方で、経験を元に、宮城県総合教育センターや市町のプログラミング教育の研修会で講師を務めています。

### ──どのような科目でプログラミング教育を行なわれていますか?

小学校低学年の教育では、明確にプログラミング授業という時間位置付けられておらず、プログラミングと相性が良さそうな学習があれば取り入れているという感じです。また、普段の授業や生活の中で、プログラミング的思考を意識させるようにしています。

極論で言うと、調理実習でもプログラミング的思考は学べると思っています。
調理や食材、味付けの課題を見つけ、その解決策を検討し、実践し振り返り新しい課題に取り組む。といった物事の組み合わせの最適化に向けて、試行錯誤することがこれに当たります。

　普段の授業や生活でプログラミング的思考を意識させ、学習内容によっては、「micro:bit」や「Scratch」(ビジュアルプログラミング言語、micro:bit公式のプログラミング環境「MakeCode」と非常によく似ている)、「Viscuit」(日本製のビジュアルプログラミング言語)を使ったコーディングを授業で行なっています。

　たとえば、5年生の理科で電磁石について学びますが、電磁石について学んだあと、最後のまとめとして「オリジナル音楽プレーヤーを開発しよう」というテーマで、紙コップなどで自作したスピーカーと「micro:bit」を使ってミュージックプレーヤーを作りました。

　ミュージックプレーヤーにはどのような機能があるのか条件を調べたり、自作したスピーカーの音量を上げるにはどうしたらいいのか、電流を強くしたり、コイルの巻き方を変えたりなど、机に座ってただ本を読む授業でなく、体験や試行錯誤して自分なりの答を出す授業になったかと思います。

図1-6　電磁石授業

<hr/>

**──「micro:bit」を使ったコーディングは「Scratch」や「Viscuit」と比べるとどうでしょうか?**

　「Scratch」や「Viscuit」もいいのですが、画面上で動くシミュレーターだけだと、自分のプログラミングという実感が湧きにくいこともあります。
　フィジカルなものを使うと、現実の世界とプログラミングをするコンピューターの世界とのつながりをより実感できます。

　「micro:bit」のシミュレーターでプログラムの実行結果を見ていても、実際に「micro:bit」でプログラムが実行されると子どもたちの反応が違います。
　実物としてさまざまな機能が実装できる「micro:bit」のほうがより探究的な学習が可能だと思います。

—— 「micro:bit」を使ってより実践的な問題解決のハッカソンを子どもたちと行ないましたが、その完成度にびっくりしました。この取り組みについて教えてください。

●実践授業動画 S2 15 福士博士になろう（宮城県教育委員会）
https://www.youtube.com/watch?v=jZb7O1GE6Ko&t=1s

　4年生の総合的な学習の時間（福祉）を利用しました。

　「肢体不自由」「視覚障害」「聴覚障害」などの障害について当事者からの話や体験を通して、問題を発見し「micro:bit」でその問題を解決する製品を作成して、発表するという授業計画で行ないました。

　従来の授業では障害者や高齢者の方に対して、「配慮のある接し方を学ぶ」といった内容で留まることが多かったのですが、問題解決の活動（製品、ものづくり）を行なうことで、当事者意識になってともに解決を探る、より一歩深い学びに繋がったと思います。

　micro:bitを使い、製品に近い試作が作れたことで、イメージを周りに伝えたり、自分たちのアイデア元にフィードバックをもらい、より使いやすいものにブラッシュアップできました。

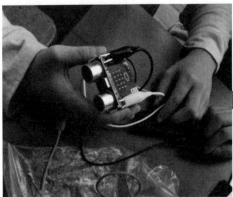

図1-7　車椅子に取り付けるセンサ

## ——プログラミング学習においての課題と要望はなんでしょうか？

多くの先生はプログラミングの指導経験をもっていないので，研修などで学んでいるところです。

現状だと、学校や先生単位でプログラミング教育に対する取り組みに差が出てしまっています。

私自身、先生向けのプログラミング研修会を行なっていますが、難しさを感じている先生は少なくありません。

「プログラミングの経験」以外にも、「タブレット端末」への馴染みが薄かったり、「ICTリテラシー」（情報リテラシー）が乏しいと、タブレットやICTを活用した学習を組み立てるのは難しい。

プログラミングや端末を効果的に活用した授業がどの学校でも日常化してくるのは、あと「数年」かかると思っていますが、この「数年」はそう遠くないものだと思っています。

なぜなら、現在は「GIGAスクール構想」という取組で、全国の児童・生徒が学校で1人1台端末を扱える環境になってきているので、端末を活用することが基本となってきているからです。

教員はこれまで以上に、デジタルに関する経験値を得ていくはずなので、プログラミングに対するハードルは下がってくると思っています。

現場ではさまざまな努力を行なっていますが、学校や先生がすべてを理解して、学習をデザインするというのは難しいと思います。

そういった先生をサポートするためのカリキュラムの事例を増やしたり、先生をサポートしていただける外部の企業の力があれば、ありがたい存在となるはずです。

■取材協力

金　洋太（こん・ようた）

1987年生まれ、宮城県出身。宮城教育大学大学院卒業。
宮城県登米市立佐沼小学校に勤務（2021年現在）。
小学校教諭として、2016年頃よりプログラミングを取り入れた
授業展開に取り組む。
「micro:bit」を活用したさまざまな授業を実践するかたわら、
「Microsoft認定教育イノベーター」として教育委員会が主催する
プログラミング研修会などで公開授業なども行なっている。

# 「micro:bit」の開発環境

この章では、「micro:bit」の開発環境について解説します。

## 2-1 　開発環境とは？

「開発環境」とは、「micro:bit」などの基板にプログラムを書き込むための環境のことで、マイコンごとに異なってきます。

よく聞く開発環境には、「Arduino IDE」(Integrated Development Environment)があります。

「Arduino」と呼ばれるハードウェア用の開発環境ですが、「Arduino」も「Arduino IDE」もオープンハードウェアとオープンソースで公開されています。

そのため、複数のArduino互換機が製造されており、もっとも使われている開発環境です。

※「micro:bit」公式では開発環境となっていませんが、Arduino IDEで開発する方法をSandeep Mistry氏が提供しています。
https://github.com/sandeepmistry

micro:bit財団の公式サイト (https://microbit.org)が公開している開発環境には「Microsoft MakeCode」(マイクロソフトメイクコード)「Python」(パイソン)の2種類があります。(2021年7月現在)

どちらもWebブラウザから専用サイトにアクセスして、ブラウザ上でプログラムを作ることができます。

パソコンからWebサイトにアクセスしプログラミングすることを想定し作られていますが、「Microsoft MakeCode」はスマートフォンやタブレット専用のアプリが用意されており、パソコンをもっていない子供でもプログラミングが行えるよう配慮されています。

## 2-2 | Microsoft MakeCode

「MakeCode」は、視覚的に図形(ブロック)を繋いだり重ねたりしてプログラミングを行なう、「ビジュアル・プログラミング」を採用しています。

テキストコードより分かりやすくプログラミングを行なうことができます。
視覚的にブロックでプログラムを作り、左のプレビュー画面で動きを確認することができるので、「micro:bit」にプログラムを書き込まなくてもプログラムが間違っているか確認することができます。

作ったブロックプログラムは、「JavaScript」と呼ばれるプログラム言語で確認や修正することができ、慣れればブロックを使わずコードを使ってプログラミングする事も可能です。

### 手 順

**[1]** 「MakeCode」にアクセス
「MakeCode」(https://makecode.microbit.org/#lang=ja)にアクセスしてみましょう。

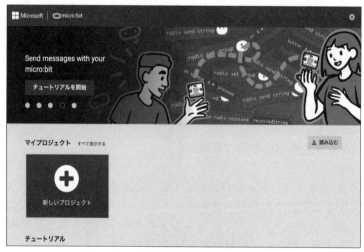

図2-1　MakeCodeスタート画面

**[2]** エディター画面を開く

画面の「+」ボタンをクリックして新規プロジェクトに名前をつけて「作成」を
クリックするとプログラム画面が表示されます。

画面は大きく3つに分かれており、左側が「プレビューエリア」、中央がプロ
グラムのパーツが格納されている「メニューエリア」、右側が「コーディング(プ
ログラム)エリア」になります。

図2-2　MakeCodeエディタ画面

**[3]** プログラムエリアにブロックを表示

サンプルで簡単なプログラムを作ってみましょう。

プログラムが格納されている中央のエリア「基本」をクリックして「文字列を
表示 "Hello!"」をクリックしてプログラムエリアに表示させます。

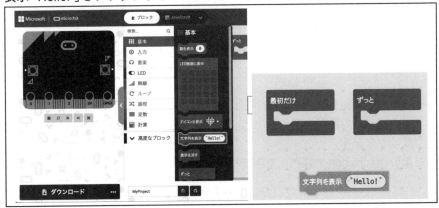

図2-3　エディタ画面操作

**[4]** 「文字列を表示」ブロックをくっつける

「文字列を表示」の色が「グレー」になっているのを確認して、「ずっと」のブロックにくっつけてください。

ブロックが「グレー」から「ブルー」に変わります。

「MakeCode」では、ブロックが「グレー」になっているとプログラムとして認識されません。

かならず、「グレー」以外の色になって、他のブロックとくっついたかを確認しながら行なってください。

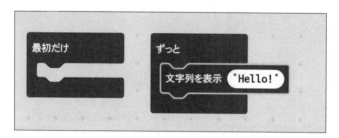

図2-4 ブロックを接続

**[5]** プログラムのプレビュー

左側の「プレビューエリア」で、作ったプログラムのプレビューが確認できます。

LED部分に "Hello"! がスクロール表示され続けるシンプルなプログラムです。

**[6]** プログラムを書き込む

このプログラムを「micro:bit」に書き込んでみましょう。「micro:bit」をMicroUSBケーブルでPCに接続してください。

PCに「micro:bit」を「WebUSB」で接続します。

「MakeCode」の画面左下の「ダウンロード」横の「…」から、「Connect device」をクリックします。

対象の「micro:bit」を選択して接続を選択してください。

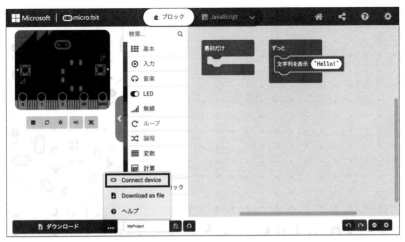

図2-5　Connect device

　接続している状態でダウンロードをクリックすると「micro:bit」にプログラム
が書き込まれ、自動で実行されます。

　この機能は「WebUSB」と呼ばれる技術で、Google Chromeなどのブラウザ
から直接USB機器を制御できる技術です。

　ブラウザが対象外であったり、「micro:bit」のファームウェアが"0243"以下
の場合は使用ができません。
　その場合はプログラムをPCにダウンロードし、デバイスに直接保存して書
き込みを行なってください。

**図2-6　ダウンロードフォルダ**

「MakeCode」は日本語で文章を綴るようにプログラムを作れます。

そのため、プログラム初心者やプログラム言語を学習しはじめた子供などに人気の「プログラム開発環境」です。

※本書では、「MakeCode」をメインに使ってプログラムのサンプルを紹介します。

## 2-3　Python

「Python」は、「MakeCode」と同じwebブラウザベースの開発環境ですが、「MakeCode」のようなブロックプログラミングはなく、コードでプログラムを作ります。

「MakeCode」から一歩進んで本格的なプログラミングが行なえます。

Pythonは近年人気が高いプログラミング言語の一つで、人口知能(AI)や機械学習におけるデータ解析などに便利なライブラリが多分揃っています。

また、他の言語よりも可読性の高いソースコードのプログラミング言語ですのでプログラム入門として使われやすい言語です。

※「micro:bit」で使用する「Python」は正式には「micro Python」と呼ばれ、マイコン上で動くことを目的としたPythonの派生言語です。

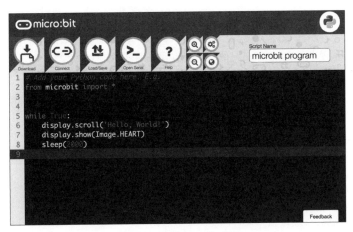

図2-7　Pythonエディタ

　「Pythonエディタ」(https://python.microbit.org/) にアクセスすると、テスト用のプログラムが記載されています。「micro:bit」を接続して動きを試してみましょう。

　「micro:bit」をPCと接続した状態で、Pythonエディタの「Connect」をクリックします。

図2-8　「Connect」をクリック

　「micro:bit」をPCに接続します。使用している「micro:bit」が表示されたら、接続を押します。

その状態で、「Download」をクリックするとプログラムが書き込まれます。
プログラムが書き込まれると、すぐプログラムが動き出します。
「Python」も「MakeCode」と同様に「WebUSB」の技術が使われています。

うまく動かない場合は、「hex」ファイルをダウンロードして「micro:bit」に直接保存して書き込みを行なってください。

サンプルのプログラムの内容を確認してみましょう。

```
while True(ある条件を満たす間ずっと)
display.scroll ("HelloWorld!")(LEDにスクロールしながら
HelloWorld! を表示
display.show(image Heart) LEDにハートの表示
sleep(2000)2秒間停止
```

LEDにスクロールしながら "HelloWorld" を表示した後、ハートのマークが表示され2秒間表示が停止する…というプログラムになります。

「Python」は他のプログラムよりも、シンプルな文法で見やすいのが特徴ですが、コードを直接記述するので「MakeCode」より難しいと感じるかもしれません。

しかし、「MakeCode」ではできない事も「Python」ではできるので、MakeCodeから一歩進んで高度なプログラミングを行ないたいと考える、中級以上の方にぴったりなプログラミング開発環境です。

## 2-4 アプリケーション

「micro:bit」には、PCを使う環境以外にもタブレットやスマートフォンから
でも手軽にプログラミング作成が可能な環境が用意されています。

### ■「micro:bit」コンパニオンアプリ

「MakeCode」をスマートフォンやタブレットから使用できるのが「micro:bit
コンパニオンアプリ」です。

PCが「microUSBケーブル」で接続して「micro:bit」にプログラムを書き込む
方法なのに対して、コンパニオンアプリは、スマートフォンやタブレットの
「Bluetooth機能」を使って「micro:bit」接続をし、ケーブルによる接続を行なわ
ずプログラムを書き込みます。

OSが「アンドロイド」「iOS」であればほとんどのデバイスで使用できますが、
一部のAndroidデバイスでは接続がうまくいかない場合があります。
また、日本語対応していないので、初めは操作に戸惑うことがあるかもしれ
ません。

図2-9 「micro:bit」コンパニオンアプリ

### ■Windows10アプリ

Windowsの「Microsft Store」からWindows10版の「MakeCodeアプリ」をダウンロードすることができます。


「MakeCodeアプリ」はWebブラウザのものと同じバージョンが使用可能です。

Windows10版の「MakeCodeアプリ」は、「Webブラウザ版」(Chrome)とは異なり、オフライン環境下で使う事ができます。

一方で、「WebUSB」(Webブラウザから直接USB製品を操作できる)機能は使えません。

その為、プログラムをダウンロードして、プログラムファイルを「micro:bit」のフォルダに「ドラッグ＆ドロップ」して、プログラムを書き込みます。

図2-10　microbitWindows10アプリ

# 2-5 さらに深いプログラムの理解

## ■Swift Playgrounds

「Swift Playgrounds」は、Appleが開発したプログラミング言語Swiftの開発環境です。

「Swift」は、「iOS」や「macOSアプリ」の開発言語です。

「micro:bit」以外にも「LEGO MINDSTORMS Education EV3」や「Sphero SPRK+」といったロボットも「Swift Playgrounds」でプログラミングができます。

対応しているデバイスは「iOS11以降のiPad」のみとなっています。

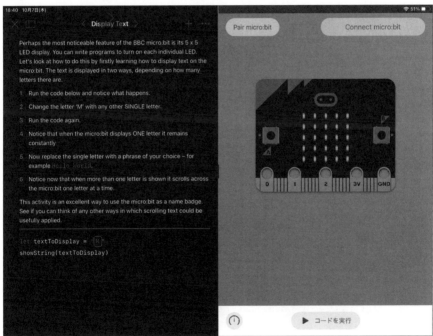

図2-11　SwiftPlaygrounds

## 2-6 他の開発環境での開発

「micro:bit」は、公式に用意された開発環境以外でも、開発できる環境があります。

初めの頃は難しいかと思いますが、慣れたら開発したいものによって開発環境を使い分けてみましょう

### ■Arduino IDE

「Arduino IDE」(Integrated Development Environment)とは、「Arduino」(アルドゥイーノ)の開発環境として作られたオープンソースのソフトウェアです。C言語に近い「Arduino言語」でプログラミングを行ないます。

オープンソースのハードウェアである「Arduino」の開発環境として作られたソフトウェアですが、Arduino製品以外にもさまざまなマイコンに対応しています。

公式に「micro:bit」は対応していませんが、「micro:bit」に搭載されているNORDIC社製の「nRF52833」(micro:bit v2)が、「Arduino IDE」に対応しているため、開発することが可能になっています。

「Arduino IDE」でのプログラミング経験がある方であれば、さほど難しくありませんが、「Arduino IDE」でのプログラミング経験が無い場合は難しいと感じると思います。

「Arduino IDE」を初めて利用する場合には、Arduino製品でプログラミングや、プログラムの書き込みを行ない、ある程度ソフトに慣れてからの開発が理想的です。

図2-12 ArduinoIDE

## ■Scratch

　「Scratch」（スクラッチ）とは、子供向けのビジュアルプログラミング言語です。

　アメリカのマサチューセッツ工科大学(MIT)のメディアラボで開発され、現在はScratch財団が開発を行なっています。

　ビジュアルプログラミング言語と言うと、「MakeCode」と一緒と思いますが、「MakeCode」が「micro:bit」に特化しているのに対して、ScratchはPC上でのプログラミングに特化しており、ゲームや、アニメーションをプログラムで作成することが可能です。

　2020年には、「Scratch」を使ってプログラムを作成する子供の数が世界中で2,000万人以上となりました。（※Scratch財団のHPより）

　「Scratch」を一度利用したことがある方であれば、アニメーションやゲームを作成する延長として、「micro:bit」のプログラムを作ることができます。

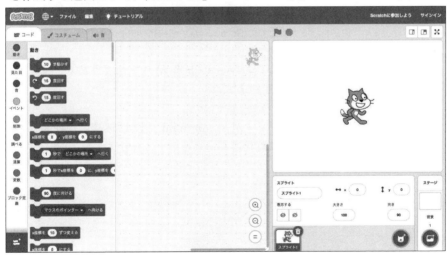

図2-13　Scratch

　「Scratch」とmicro:bit」を接続してもプログラムを書き込む事はできません。

　「micro:bit」にプログラムを書き込むには「micro:bit」にScratch用のファームウェアをインストールする必要があります。

## ■ファームウェアダウンロード

https://github.com/microbit-more/pxt-mbit-more-v2/releases/
download/0.2.4/microbit-mbit-more-v2-0_2_4.hex

　上記よりインストールしたファイルを、「micro:bit」にドラッグ＆ドロップ
で保存します。

図2-14　「micro:bit」に「Scratch」のファームウェアを保存

　「micro:bit」を利用する場合は、「ScratchのWebブラウザ版」ではなく、
「Microbit More」という環境を使います。

　「Scratch」とほぼ同じ見た目ですが、「micro:bit」用の拡張機能が使えたり、
webブラウザから「micro:bit」に直接書き込めるようになります。

●Webブラウザ版

https://microbit-more.github.io/editor/

「Chromebook」や「Mac」の「Chrome」、または「Windows」の「edge」など、「Web USB」に対応しているブラウザであれば、Webブラウザの「JavaScript」を利用して「micro:bit」にプログラムを書き込めます。

Webブラウザから「WebBluetooth」を利用して「micro:bit」に直接、リアルタイムにプログラムを書き込めるのが特徴です。

しかし、まだ開発中のため、すべてのブラウザに対応しているわけではありません。

ブラウザの対応状況は下記の「**Can I use**」というサイトから確認できます。

・Can I use(Web USBで**検索**)

https://caniuse.com/?search=Web%20USB

もし、使用しているブラウザが「WebUSB」に対応していない場合は、「Scratch Link」をPCにダウンロードして起動すれば、「micro:bit」にプログラムを書き込むことが可能です。

・Scratch Linkダウンロード

(Windows)
https://downloads.scratch.mit.edu/link/windows.zip

(Mac)
https://downloads.scratch.mit.edu/link/mac.zip

以上の設定が完了したら、「micro:bit」のプログラミングを行なってみましょう。

※本書サンプルでは、「Chrome」を利用しています。

手 順

**[1]** プログラム画面を開く

「Scratch」のプログラム画面 (https://microbit-more.github.io/editor/) を開きます。

**[2]** 「micro:bit」用のブロックを表示

左メニュー下部の「Microbit More」をクリックすると「micro:bit」用のブロックが表示されます。

図2-15　microbit用のブロック

**[3]** 「micro:bit」と接続

ブロックが表示されただけでは「micro:bit」と接続はされていないので、プログラム用ブロックの上部にある「 ● ボタン」をクリックします。

図2-16　接続ボタン

**[4]** 「micro:bit」の検索

「 ● ボタン」をクリックすると、自動的に「 micro:bit」を検索しはじめます。

図2-17　デバイススキャン

「micro:bit」をPCに接続すると、「BBC micro:bit [XXXXX]」と表示されます。
「XXXXX」の箇所は、「micro:bit」ごとに異なります。

**[5]** 「micro:bit」とのペア設定

検出された「micro:bit」を選択して「ペア設定」をクリックすると、接続を行ないます。

図2-18　デバイス接続

**[6]接続の完了**

　接続が完了すると「接続されました」と表示されるので、「エディターへ行く」をクリックします。

　だいだい色だった「 ⚠ 」が、緑色の「 ✅ 」になっていれば、接続されている状態です。

図2-19　接続状態

**[7]プログラムの作成**

　簡単なプログラムを作ってみます。

　参考プログラムは、「micro:bitに電源が入ったら、LEDライトに♡マークを表示する」というシンプルなものです。画像のようにプログラムを配置します。

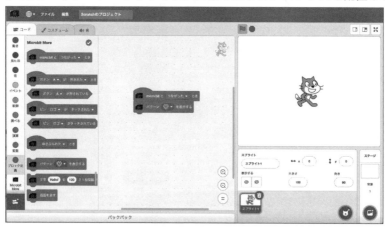

図2-20　プログラム例

プログラム作成後、すぐに「micro:bit」へプログラム転送が始まります。

図2-21　書き込み後実行

**[8]接続を切る**

接続を切りたいときは、「 ✅ 」をクリックして、表示されたウィンドウから「**切断する**」を選択します。

図2-22　接続を切る

## ■Scratch(micro:bit More)で「micro:bit」が接続できない場合

もし、接続うまくいかなかった場合は、以下を試してみてください。

### ●BluetoothがONになっていない

「WebUSB」に対応したブラウザを使用していても「micro:bit」と接続できない場合、PCのBluetoothが「OFF」になっていないか確認してください。

もしOFFになっている場合は、「ON」にします。

### ●Scratch Linkをダウンロードしてみる

「WebUSB」に対応したブラウザを使っても、うまく接続できない場合は、「Scratch Link」をダウンロードして起動した状態で、「micro:bit」を接続してみてください。

### ●複数のブラウザをでScratch(「micro:bit」More)を立ち上げない

複数のブラウザで「Scratch」(micro:bit More)を立ち上げていると、接続ができなかったり、接続してもすぐ切れてしまうことがあります。

その場合は、「Scratch」(micro:bit More)を立ち上げるブラウザを1つだけにします。

### ●リロードしてみる

「Scratch」(micro:bit more)と「micro:bit」が接続できても、すぐに接続が切れてしまう場合があります。

そのときはWindowsならキーボードの「F5」キーを押してリロードしてください。

Macの場合は、「command」を押しながら「R」キーを押してリロードします。

# 第3章

# 「micro:bit」の入力センサと出力

システムとは、「入力」に対して何かしらの処理を行い「出力」することです。

たとえば、「自動ドア」は「センサ」(入力) が人を感知すると、「扉が開き」(出力)ます。

プログラムはこの「入力」と「出力」をつなぐ処理を行ないます。

本章では、micro:bitに既に実装されている入出力機能について紹介します。

紹介するプログラムは、「micro:bit」公式のビジュアルプログラミングツールである「MakeCode」を使って作成しています。

詳しい「MakeCode」の説明は「2章microbitの開発環境」を確認してください。

## 3-1 入力センサ

通常、電子工作は用途によってセンサを自身で取り付けていきます。

しかし、知識があまりないと、「どのセンサを購入したらいいのか」「どのようにプログラムを作るのか」を、1つ1つ調べていく必要があります。

「micro:bit」には、あらかじめさまざまなセンサが実装されています。

また、「MakeCode」には、対応するブロックが用意されているので、初心者でもすぐに使うことができます。

### ■LED(明るさセンサ)

「micro:bit」表面には、縦横5列で「計25個」のLED (センサ)が実装されています。

このセンサを使うことで、周りが明るくなったり、暗くなったりしたときに

何かをするプログラムを作ることができます。

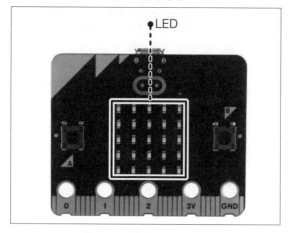

図3-1　LED(明るさセンサ)

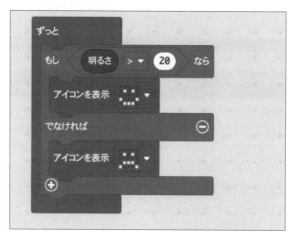

図3-2　明るさセンサ用プログラムの例

　「micro:bit」が動いている間、センサから入力される明るさが"20以上"なら、「喜んでいる顔」を表示して、センサから入力される明るさが"20以下"なら「悲しんでいる顔」を表示する、というプログラムです。

　明るいときと、影を作って暗くしたときで、LED部分の表示が変わります。

## ■ボタン (A、B)

「micro:bit」の左右に1つずつボタンが付いています。

ボタンを押すとLEDが光ったり、音楽を鳴らすようなプログラムを作ることができます。

ボタンは、左側に「Aボタン」、右側に「Bボタン」の2つですが、A、B同時に押したときに別のプログラムを設定することができます。

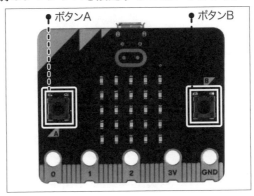

図3-3　ボタン(A、B)

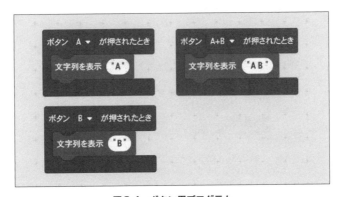

図3-4　ボタン用プログラム

図3-4の例では、「micro:bit」の「Aボタン」を押したときにLEDに「A」を表示して、「Bボタン」を押したときに「B」を表示します。

そして、「A+Bボタン」を一緒に押したときにLEDに「A+B」を表示します。

### ■タッチセンサ(ロゴ)

「micro:bit」の表面上部のロゴは、「タッチセンサ」として機能します。

「タッチされた」ことを認識する以外にも、「タッチが無くなった」ことや、「短い時間のタッチ」(短いタップ)、「長い時間のタッチ」(長いタップ)も認識することができます。

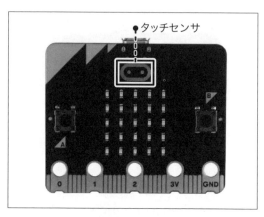

図3-5　タッチセンサ

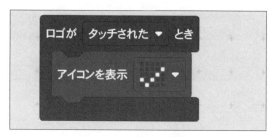

図3-6　ロゴタッチセンサ用プログラム①
「micro:bit」のロゴをタッチしたら、アイコン を表示する

図3-7　ロゴタッチセンサ用プログラム②
ロゴのタッチがなくなったら、アイコンを表示する

図3-8　ロゴタッチセンサ用プログラム③
ロゴを軽くタッチ（タップ）したら、アイコン を表示する

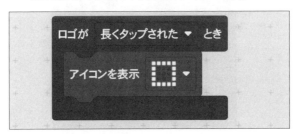

図3-9　ロゴタッチセンサ用プログラム④
ロゴを長くタッチ（タップ）したら、アイコン を表示する

※「タッチされた」「タッチがなくなった」は、同時にプログラムを作っても、意図通り動きます。

　しかし「タッチされた」＋「短くタップされた」や「タッチされた」＋「長くタップされた」など、タッチを認識して動くブロックを同時に作ると、記述順番に関係なく、先に「タッチされた」ときの処理が実行されます。

　もし、意図通りの動きでない場合は、「タッチされた」を使わず、「短くタップされた」や「長くタップされた」のみ使ってください。

■加速度センサ

「micro:bit」には「**加速度センサ**」が内蔵されています。

加速度センサという言葉を、あまり聞いたことがないと思いますが、私たちの身近な製品に多く使われています。

たとえば、スマートフォンやタブレットで「地図アプリ」を開いたときに、持っている人の動きに合わせて画面が回転する機能や、歩数計のカウントなどで使われています。

また、デジタルカメラの「手ブレ補正機能」などにも、「加速度センサ」が使われています。

「micro:bit」では「3軸」(X,Y,Z)の「左右」「上下」「前後」を感知することができます。
また、「移動速度」(高速か低速か)も感知することができます。

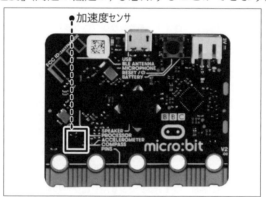

図3-10　加速度センサ

図3-11　加速度センサ用プログラム

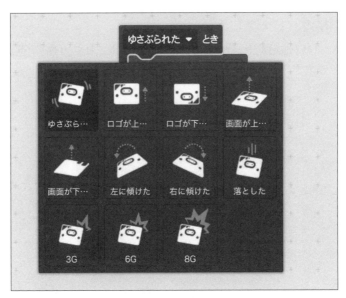

**図3-12　加速度センサ用プログラム種類**

　ブロックには、「ゆさぶられた」ときの「micro:bit」の向きを検出するプログラムがあります。

　下記の表に、それぞれどのようなものかをまとめました。

　「micro:bit」のロゴが正面を向いて、文字が読める状態が初期値となります。

| ブロック名 | 状　況 |
|---|---|
| ゆさぶられたとき | 「micro:bit」を揺さぶったときに実行。 |
| ロゴが上になった | ロゴが上になるように、「micro:bot」を縦に立てたときに実行。 |
| ロゴが下になった | ロゴが下向きになるように、「micro:bot」を縦に立てたときに実行。 |
| 画面が上になった | 「micro:bit」の表面が天井を向くような状態のときに実行。 |
| 画面が下になった | 「micro:bit」の裏面が天井を向く様な状態のときに実行。 |
| 左に傾けた | 「micro:bit」を左側に傾けたときに実行。 |
| 右に傾けた | 「micro:bit」を右側に傾けたときに実行。 |
| 落とした | 落としたときのような移動速度（1G）のときに実行。<br>※1Gは地球の重力 |
| 3G | 落としたときのような移動速度の「3倍」の速さのときに実行。 |
| 6G | 落としたときのような移動速度の「6倍」の速さのときに実行。 |
| 8G | 落としたときのような移動速度の「8倍」の速さのときに実行。 |

## ■地磁気センサ(コンパス)

micro:bitには「**地磁気センサ**」(**コンパス**)が実装されており「東西南北」を知ることができます。

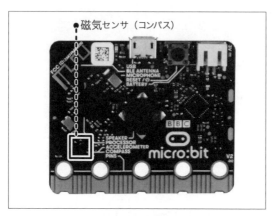

図3-13　地磁気センサ

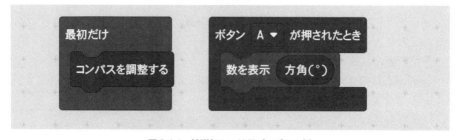

図3-14　地磁気センサ用プログラム例

「最初だけ」、ブロックに、「コンパスの調整する」ブロックを使って、コンパスを「調整」(キャリブレーション)しています。

この調整作業を行なうことで、比較的正しい数値を表示することが可能です。

**図3-14**の例は、「ボタンA」を押したときに方向を表示します。

この方向は、言葉ではなく「0〜359」の数字で表示され、数字は、それぞれ「0」(北)、「90」(東)、「180」(南)、「270」(西)になります。

> ※地磁気センサを使用する場合は、より正確な数値を出すため、「micro:bit」の近くに金属製の物を置かないようにしてください。

## ■マイク

「micro:bit」には「**マイク**」が内蔵されており、「音の大きさ」を数字で取得できます。

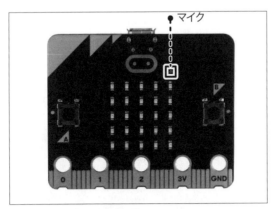

図3-15　マイク

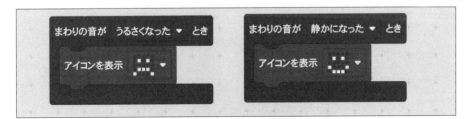

図3-16　マイク用プログラム例

マイクで取得できる音の大きさは「0〜255」です。
「0」が無音で、「255」が非常に大きい音です。

上記のプログラムを実行すると、「86以下」になると「**静かになった**」と検知します。
同様に「165以上」になると「**うるさくなった**」と検知します。

## ■温度センサ

「micro:bit」のプロセッサの中に「**温度センサ**」が実装されています。
プロセッサとは別名「CPU」と呼ばれ、「micro:bit」の頭脳のようなところです。

検出できる温度は「プロセッサの温度」になります。
そのため、正しい温度とは若干異なり、数℃高く表示されます。

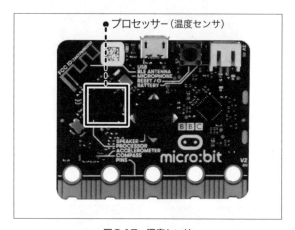

図3-17　温度センサ

図3-18　温度センサ用プログラム

電源を入れると、「LED画面」に温度を表示し続けます。

# 3-2 「出力装置」とは

次に、入力したセンサの数値によって、どういった「出力方法」があるかを紹介します。

## ■LED

「明るさセンサ」としても使える「LED」は、出力にも使えます。
「micro:bit」の表面に、縦横5列ずつの「計25個」配置されています。

このLEDに、文字を表示したり、アイコンを表示することができます。
表示する「ドットのアイコン画像」は、自分で作ることも可能です。

### ●アイコンを利用した場合

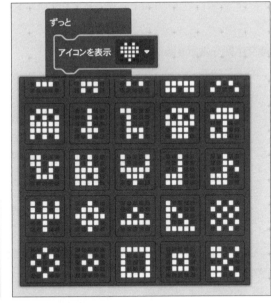

図3-19 出力LEDの例

MakeCodeには、40種類のアイコンが用意されています。

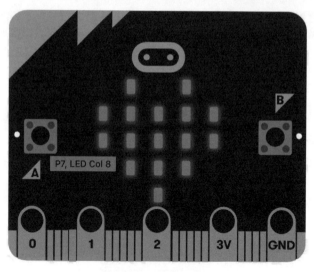

図3-20 ハート形の出力

## ●文字列を表示する場合

図3-21 文字列の表示

「MakeCode」では、英字のみですが、「文字列をスクロール表示」する機能が
あります。

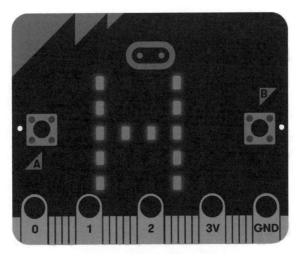

図3-22　文字のスクロール表示

●自作した場合

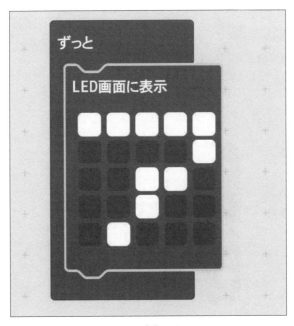

図3-23　自作アイコン

LEDに日本語などを表示したい場合は、「LED画面に表示」ブロックを利用すればアイコンを自分で作ることが可能です。

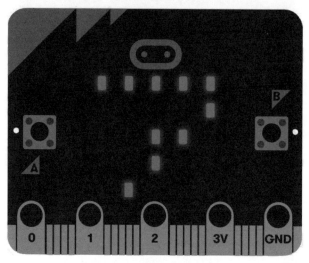

図3-24　カタカナの「ア」を出力

■スピーカー

「microbit」の裏面には「**スピーカー**」が実装されています。

「Make Code」には「音楽ブロック」も豊富にあり、オリジナルの音楽を作れます。

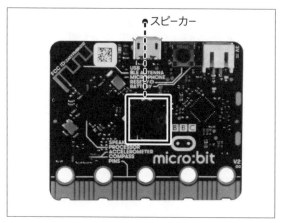

図3-25　スピーカーの位置

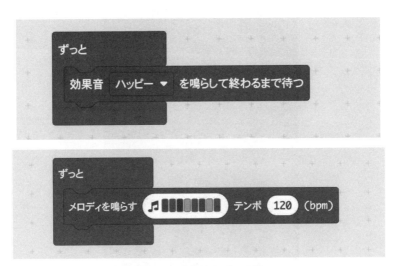

図3-26　出力スピーカーの例

## ■無線通信

「micro:bit」同士が通信できる「**無線通信機能**」が実装されています。

　この機能を使って、「micro:bit」を複数台制御してメッセージを送信したり、複数の「micro:bit」同士で対戦ゲームを行なうことができます。

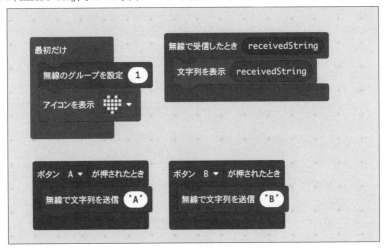

図3-27　無線通信プログラム例

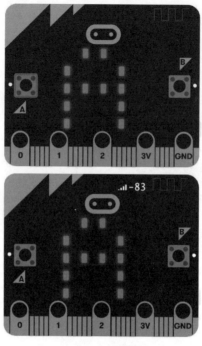

図3-28　無線通信

## ■Bluetooth

「micro:bit」には「**Bluetooth Low Energy**」(**BLE**)用のアンテナが実装されています。

**2章**でも「WebUSB」という技術を説明しました。

Webブラウザの「JavaScript」を利用して「micro:bit」にプログラムを書き込みました。

こういった書き込み時に便利なだけでなく、「Bluetooth通信機能」を使って、スマートフォンやパソコンと接続し、「micro:bit」をコントローラーの用に使うことも可能です。

「micro:bit」単体ではプログラムの動作を確認できないため、**4章**でプログラムおよび、動作の確認方法を詳しく説明します。

# 3-3 「micro:bit」以外の入力センサや出力装置を使う場合

「micro:bit」だけでも、充分にさまざまな「センサ」や「出力装置」を実装しています。

しかし、「micro:bit」に無い製品を使ってみたい、「micro:bit」より高い機能のセンサを使いたい、という場合は、「micro:bit」の下部にある鍵盤のような模様部分(エッジコネクタ)と接続することで、さらにさまざな製品を接続することができるようになります。

> ※「エッジコネクタ」の「0」「1」「2」「3v」「GND」部分は、「ワニロクリップ」という製品で拡張使用することができます。

## ■エッジコネクタのピッチ変換基板

「micro:bit」の「エッジコネクタ」には、「0」「1」「2」「3v」「GND」以外に「3〜16」「19〜20」のピンが使用可能です。

> ※17、18のピンは使用不可。

「エッジコネクタ」の「ピッチ変換基板」を使って「micro:bit」を差し込むことで、すべてのピンが使用可能になります。

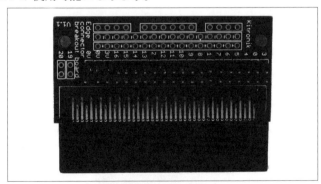

図3-29　エッジコネクタ

【販売元】スイッチサイエンス

micro:bit用エッジコネクタピッチ変換基板
https://www.switch-science.com/catalog/3181/

## ■ワニロクリップ

「ワニロクリップ」は、クリップになっており、エッジコネクタの「0」「1」「2」「3v」「GND」に接続できる製品です。

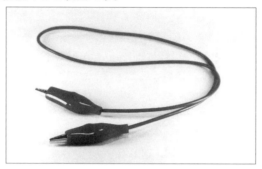

図3-30　ワニロクリップ

【販売元】スイッチサイエンス

micro:bit用ワニロクリップ(5本入り)
https://www.switch-science.com/catalog/5278/

## ■GROVEコネクタ

「GROVEコネクタ」も、「エッジコネクタ」の変換基板です。

通常の電子工作にあるような「ブレッドボード」を使ったり、ハンダ付けなどをしなくてもいいように規格化されており、「GROVEコネクタ」用に実装された「センサ」や「ボタン」などを接続できます。

図3-31　Groveコネクタ

【販売元】スイッチサイエンス

micro:bit用GROVEシールド v2.0
https://www.switch-science.com/catalog/5434/

### ■USBシリアル変換アダプタ

「USBシリアル変換アダプタ」は、マイコンとパソコンを接続するときに使いいます。

もともと「micro:bit」には、基板にPCから電力供給する「USBコネクタ」が実装されていますが、外部のセンサを使用する場合、「micro:bit」の電力だけでは足りない事もあるので紹介します。

※「micro:bit」が電源を共有できるのは「3V」です。
　センサ類は「5V」が多く、そういった場合は「micro:bit」からではなく別の電源を用意する必要あります。

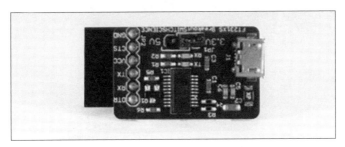

図3-32　USBシリアル変換アダプタ

【販売元】スイッチサイエンス

FTDI USBシリアル変換アダプター Rev.2
https://www.switch-science.com/catalog/2782/

### ■サーボモーターSG92R

モーターには「DCモーター」と言われる回転するモーターと、「サーボモーター」と呼ばれる、回転はせず、動く角度があらかじめ決まっているモーターがあります。

「DCモーター」はファンや車のタイヤのように連続で回転するものに使用され、「サーボモーター」はロボットの手足ななどや、おもちゃなどに使われています。

「micro:bit」には物を動かすような機能は実装されていません。

動かす動きをしたい場合には、別途購入する必要があります。

※本書では「サーボモーター」を使った作例を紹介します。

図3-33　サーボモーター

【販売元】秋月電子通商

マイクロサーボ9g SG-90
https://akizukidenshi.com/catalog/g/gM-08761/

### ■ネオピクセル

「ネオピクセル」(NeoPixel)とは、マイコンが実装されたLEDです。

LEDが複数実装されたテープ状のものを「ネオピクセルLEDテープ」と言います。

マイコンが実装されていないLEDテープは単色でしか光らせることができませんが、「ネオピクセル」は、1つ1つマイコンが付いており，プログラムによる制御が可能なため、グラデーションのように1つのテープで発色をコントロールすることができます。

※本書では「ネオピクセル」を使用した作例を紹介します。

図3-34　ネオピクセル

【販売元】㈱ピースコーポレーション

| NeoPixel RGB TAPE LED [1907](50cm/30LED) |
| --- |
| https://www.akiba-led.jp/product/959 |

■Grove PIR モーションセンサ

「モーションセンサ」は、人の動きを検出できます。

「micro:bit」の「GROVE コネクタ」を使えば簡単に接続できます。

人の動きを検知したら LED に歓迎のメッセージを表示する、など人の検知を起点としたプログラムを作ることができます。

※本書では「GGRPIR モーションセンサ」を使用した作例を紹介します。

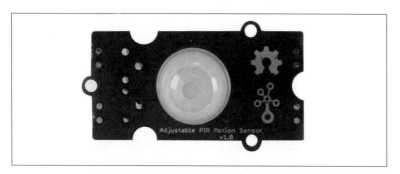

図3-35　PIRモーションセンサ

【販売元】秋月電子通商

Grove PIR モーションセンサ
https://akizukidenshi.com/catalog/g/gM-16541/

# 第4章

# 「micro:bit」を使った
# プログラムサンプル

1～3章で「micro:bit」とはどんなものなのか、どんなことができるかを説明しました。

そして、この章では、さまざまなものを、実際に作ってみます。
うまく出来たら、自分が好きなように作り替えて、自分だけのオリジナルアイテムを作りましょう。

## 4-1　　　「スマートウォッチ」を作ろう

まずは、「micro:bit」にある機能を使って、多機能な「スマートウォッチ」を作ります。

図4-1　スマートウォッチ

### ■「スマートウォッチ」に付ける機能

さまざまな機能をもった「スマートウォッチ」はかっこいいですよね。
「スマートウォッチ」を自作して友達に自慢してみましょう。

作る「スマートウォッチ」には、このような機能をつけたいと思います。

・タイマー機能
・コンパス機能
・温度計機能
・宝探し機能
・無線通信（メッセージ通信）

## ■用意するもの

以下のものを用意します。

・micro:bit
・MicroUSB（プログラムの書き込みを行ないます）
・PC（「MakeCode」でプログラムを作ります）
・電池ケース（電池から給電します）
・トイレットペーパーの芯
・平ゴム
・ホチキス

## ■コンパスのプログラム

まずはコンパスのプログラムを作ります。

コンパスのデータ取得は3章で紹介した通り、数値として取得できます。
数字は、「0（北）、90（東）、180（南）、270（西）」になりますが、ちょうど"0"を出さないと北を表示しないコンパスでは使い物になりません。

北であれば、「315°～360°」または「0°～45°」の範囲を向いていたら「北」と表示する必要があります。

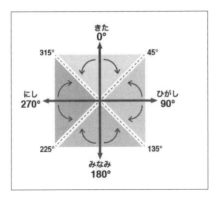

図4-2　コンパス

プログラムは「MakeCode」で作ります。

**手　順**

[1「コンパスの調整」（キャリブレーション）の設定
　まずは、「最初だけ」ブロックに、「コンパスを調整する」ブロックをくっつけて、コンパスの数値が正しく取得できるように調整します。

　「入力」メニューの「…その他」をクリックして、「コンパスを調整する」ブロックを選択します。

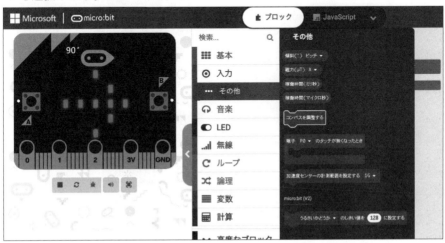

図4-3　コンパスを調整する

図4-4　最初だけコンパスを調整する

[2]「条件分岐」で「東西南北」を表示
　「ずっと」ブロックを使って、コンパスのプログラムを行ないます。

　「東西南北」がそれぞれの数値以内なら、「東西南北」を示すようにします。
　このような処理のことを「**条件分岐**」と言います。

　「MakeCode」では、「論理」メニューにさまざまな「条件分岐」のブロックが用意されています。

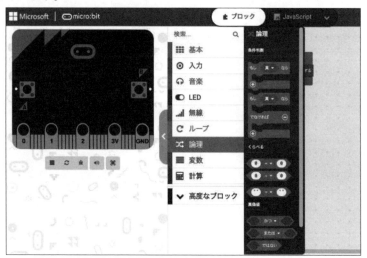

図4-5　「論理」メニュー

**[3]** 「北を示したとき」のプログラム
　「もし＜真＞なら」というブロックを選択して、「ずっと」ブロックに付けます。

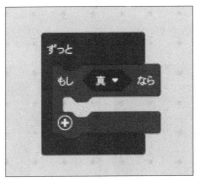

図4-6　もし＜真＞なら

最初に、「北を示したとき」のプログラムを作りましょう。
これも、論理メニューにあるブロックを使います。

「(0) = (0)」ブロックを「もし＜真＞なら」ブロックの＜真＞部分にはめ込みます。

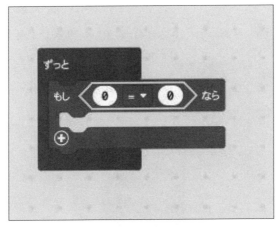

図4-7　もし＜(0)＝(0)＞なら

**[4]**「北」の条件を設定する①

北を示す場合の条件の1つ目である、"0°以上45°未満"にします。

現在の方向を取得するためには、入力メニューの「方向(°)」ブロックを使います。

図4-8 方向ブロック

「(0) = (0)」ブロックの中央にある符号(記号)は、「<」にします。

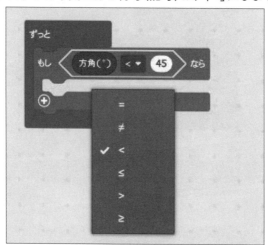

図4-9 方角の設定

これで、"もし、方向(値)が45°以下なら"というプログラムができました。

しかし、北を示す条件は2つあるので、このままだと正しいプログラムになりません。

**[5]** 「北」の条件を設定する②
ここで再度、「論理」メニューからブロックを用意します。
今度は真偽値を確かめるブロックで、「<>または<>」ブロックです。

これは条件が2つあり、どちらかの条件に一致させたいときに使います。

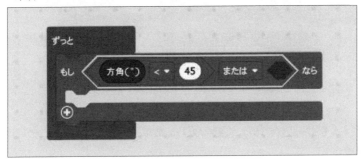

図4-10 「<>または<>」ブロック

北を示すもう1つの条件は、"315°以上360°以内"なので、先ほど作った「方角(°) < 45」ブロックをコピーして使いましょう。

Windowsであれば、コピーしたい対象物を選択して、キーボードの「Ctrl」+「C」を押した後に「Ctrl」+「V」を押すとブロックがコピーされます。

Macの場合は「command」+「C」を押した後に「command」+「V」を押すとブロックがコピーされます。

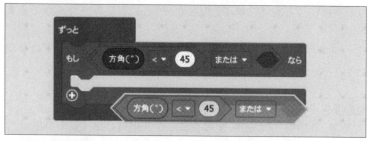

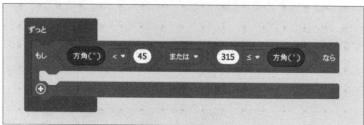

図4-11 「方角(°)＜45」ブロックを入れる

これで、"もし、方向（値）が45°以下または、315°以上なら"という条件になりました。

**[6]**「北の方向」を向いたときの出力表示

「設定した条件」に合う場合の出力を設定します。

LEDに文字を表示したいのですが、「日本語」を入れることができないので、英単語を入力しましょう。

「文字列を表示」ブロックを使い、「北」は「North」なので「N」を入力します。

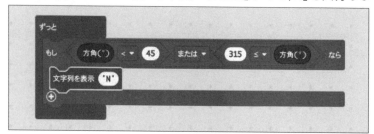

図4-12 文字列を表示"N"

**[7]** 動作の確認

　プログラムが正しいか、「プレビュー」で確かめてみます。

　ただし、このままだと常にLEDに "N" が表示され続けてしまいます。

　"N" を表示した後にLEDを消さないと、条件によって "N" になったのか、条件から外れても消えずに残っている "N" なのかが分かりません。

　そこで、「もし」ブロックの外に「表示を消す」ブロックを追加して、「MakeCode」画面左エリアのプレビューで確かめます。

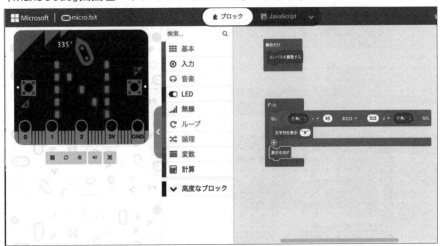

図4-13　プレビュー

　指定した数値の間だけ "N" が表示されると思います。

＊

ここで1点補足です。

　"<" という記号以外に "≦" という記号も出てきました。
大変よく似ていますが、少し違いがあります。

　"<" の場合は、「方向（値）が45°未満（44まで45は含まれない。）」のに対して、"≦" は下にイコールがついているので「315（315も含まれる）よりも方向（値）

が大きい」と解釈されます。

**[7]** 他の条件を設定する

　他の条件も作っていきます。

　頭文字は、「東」(East)、「西」(West)、「南」(South)、「北」(North) を使います。

　東西南北を設定すると、下記のようなプログラムになります。

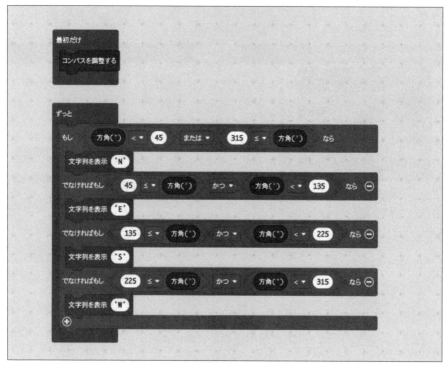

図4-14　各条件を入れたプログラム

**[8]** 「micro:bit」と接続する

　シミュレーターで確認して問題がなければ、「micro:bit」に書き込んで動作を確認します。

　「micro:bit」を「USBケーブル」につないで、「PC」と接続してください。

図4-15　USB接続

「MakeCode」のダウンロード横「…」ボタンをクリックして、「Connect device」をクリックします。

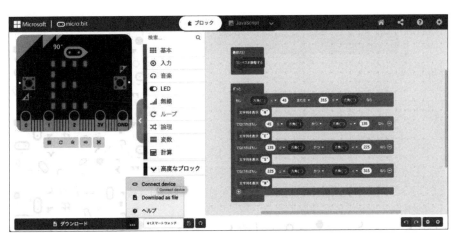

図4-16　Connect device

接続している「micro:bit」が表示されるので、「接続」をクリックします。

**図4-17　接続**

　接続している状態で、「ダウンロード」をクリックすると「micro:bit」にプログラムが転送されます。

**図4-18　転送**

　プログラムが書き込まれると、自動でプログラムが実行されます。

　プログラムが実行されると、「コンパスを調整する」というブロックが実行して、LEDにテキストが流れ始めます。その後LEDが点滅するので、すべてのLEDを点けるように、micro:bitをさまざまな角度でまわしてください。
　その後、コンパスが起動します。

図4-19　プログラムの実行

## ■他のプログラムを作る

コンパス以外にも機能を追加しましょう。

「変数」メニューを使って、「micro:bit」のボタンを押すたびに、機能を切り替えるようにしたいと思います。

「変数」は、「箱」のようなもので「数字」や「テキスト」などの「値」を保存したり入れ替えたりして、プログラム中の使いたいときに「値」を取り出して使います。

スマートウォッチの機能を切り替えるために、「micro:bit」のAボタンを使って、ボタンを押すたびに機能を切り替えられるようにします。

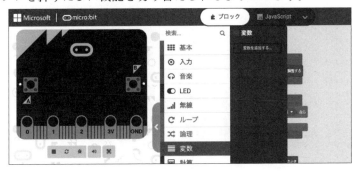

図4-20　「変数」ブロック

**手　順**

**[1]**「変数」の用意

「変数」メニューをクリックして「変数を追加する…」をクリックします。

作る変数の名前を入力します。ここでは"表示切り替え"とします。

> ※プログラムを学んでいる方は「変数名に日本語!」と驚くかと思いますが、「MakeCode」上では、変数名に日本語が使えます。
> もちろん英字で作ることも可能なので、学びのレベルに応じて設定してください。

図4-21　変数「表示切り替え」

**[2]**「変数」の初期設定

作った変数"表示切り替え"を初期値で"0"にしておきます。

「最初だけ」ブロックに「変数表示切り替えを<0>にする」ブロックをくっつけます。

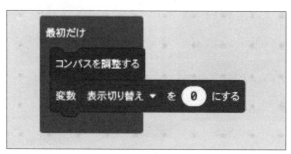

図4-22　変数表示切り替えを<0>にする

**[3]**「表示切り替え」の設定

　ボタンを押すごとに切り替えたいので、ボタンを押すたびに"表示切り替え"を"+1"していき、「論理」ブロックで、表示の切り替えを行ないます。

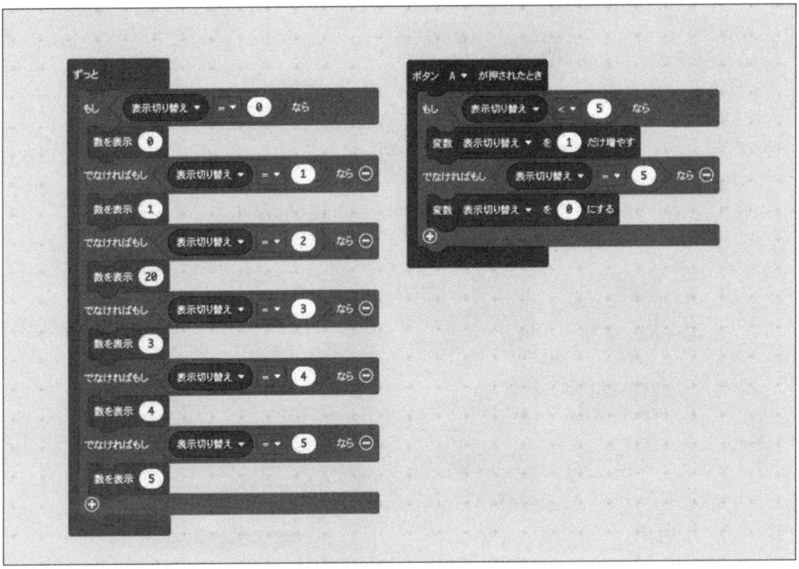

図4-23　「表示切り替え」の分岐

**[4]**シミュレーションでの確認

　プログラムを作ったら、シミュレーションで確認します。

　「Aボタン」をクリックすると、"表示切り替え"の値が「0、1、2…」とカウントアップされます。

　"表示切り替え"の値が「5」までカウントアップされると、「0」に戻ります。これで、6画面を切り替えられるようになりました。

"表示切り替え"の値が"0"の場合はタイマー機能。
"表示切り替え"の値が"1"の場合はコンパス機能。
"表示切り替え"の値が"2"の場合は温度計機能。
"表示切り替え"の値が"3"の場合は宝探し機能。
"表示切り替え"の値が"4"の場合は仲間にメッセージ通信で「Hello」を送信
"表示切り替え"の値が"5"の場合は仲間にメッセージ通信で「Bye」を送信。

**[5]** 振ると音が鳴るように設定

その他にも、「micro:bit」を素早く振ると、「かっこいい音」が出るように設定します。すべてのプログラムを設定すると、このようになります。

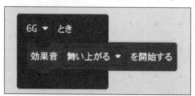

図4-24　効果音「舞い上がる」を開始する

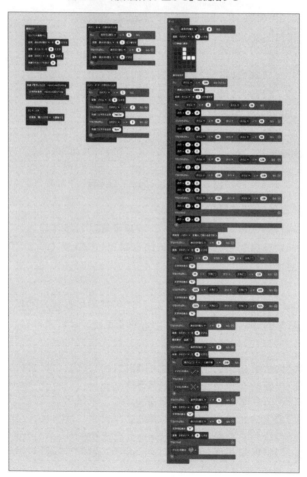

図4-25　プログラム全体図

■動作の説明

各動作について、細かく説明します。

プログラムを書き込んだ「micro:bit」に電源を入れると、最初に「コンパスの調整」が実行されます。

コンパスの調整が終わると、「タイマー機能」が実行されます。

タイマー機能は、「micro:bit」が起動したらすぐに3分を計測しはじめ、30秒ごとに、「LEDの画面」が点灯して経過を確認できます。
3分経つと音が鳴り、時間を知らせます。

「Bボタン」を押すとリセットされて、また3分計測します。

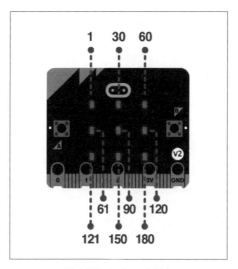

図4-26　タイマーの見方

＊

起動から「Aボタン」を1回押すと、「コンパス」が起動します。
コンパスの説明は、先ほど説明したとおりです。

図4-27 コンパス

起動してから「Aボタン」を2回押すと、「温度」が表示されます。

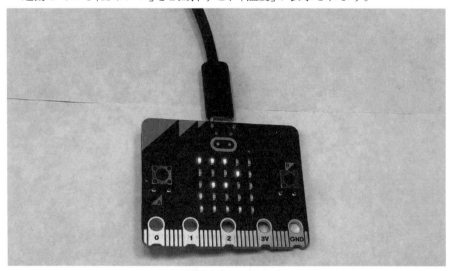

図4-28 温度計

起動からAボタンを3回押すと「宝探し機能」が起動します。
「磁石」に近づくと、アイコン表示が変わります。

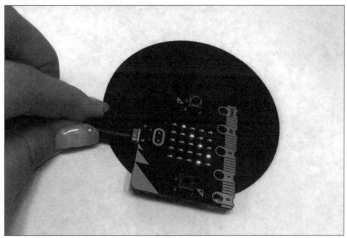

図4-29　宝探し
上：宝が見つかってないとき
下：宝が見つかったとき

　起動から「Aボタン」を4回押し、「Bボタン」を押すと「micro:bit」同士の無線通信によって「Hello」を送信します。

　「Aボタン」を5回押し、「Bボタン」を押すと、「Bye」を送信します。

図4-30 無線通信

「micro:bit」同士の無線通信は、同じプログラムを書き込んでいる「micro:bit」が2台以上あることが前提です。

＊

以上で、多機能な「スマートウォッチ」のプログラムが出来ました。

### ■「スマートウォッチケース」の作成

次に、実際に手首につけて遊べるように、工作で「腕時計ケース」を作ります。

### 手 順

**[1]**用意したトイレットペーパーの芯を潰す

まず、トイレットペーパーの芯を横にして軽く潰します。

図4-31 トイレットペーパー

**[2]**「micro:bit」の型を取る

平たくなったら、「micro:bit」を重ねて、鉛筆で「micro:bit」の型を取ります。

その内側に、「8mm」程度の枠を書き、そこをカッターやハサミでくり抜きます。

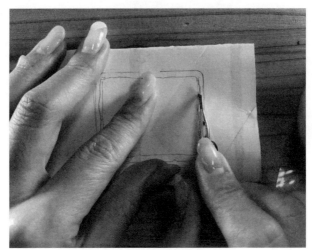

図4-32 「micro:bit」の型の内側に枠を引く

**[3]**「micro:bit」を入れて調整する

くり抜いた部分を取り除き、「micro:bit」を入れます。

入れたときに、ボタンが被っていないか確認してください。

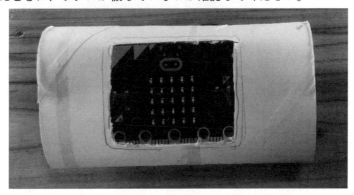

図4-33 「micro:bit」を入れる

**[4]** 平ゴムを通す

上下に2cmほどの切り込みを入れ、そこに「平ゴム」を通します。

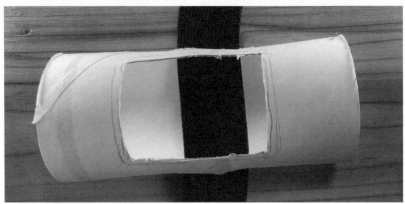

図4-34 芯に切れ込みを入れ、ゴムを通す

**[5]** 電池パックを取り付ける

「micri:bit」に電池パックを付けて、USBケーブルがなくても電気が給電できるようにします。

図4-35 電池パックを取り付ける

電池パックと「micro:bit」を、平ゴムを取り付けたトイレットペーパーの芯に入れます。

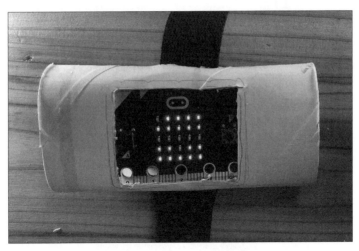

図4-36　トイレットペーパーの芯と合わせる

**[6]** トイレットペーパーの左右をテープで閉じる

　このままだと、トイレットペーパーの芯の左右から「microbit」が飛び出してしまうので、テープで固定します。

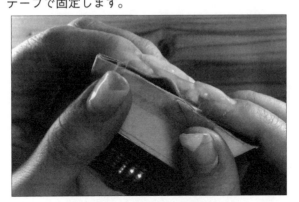

図4-37　「misro:bit」の固定

　最後に、平ゴムをホチキスで留めます。
ホチキスは2～3回止めると丈夫で外れにくくなります。

---

※「micro:bit」自体が重く、ゴムが伸びてしまうので、ゴムバンドは少しキツめにするとちょうどいいです。

図4-38 ゴムバンドの固定

これで、「簡易ウォッチケース」ができました。

ケースに色を塗ったりして、自分だけの「ウォッチケース」を作りましょう。

図4-39 「スマートウォッチ」の完成

## 4-2    「もぐらたたきゲーム」を作ろう

「もぐらたたきゲーム」を作りましょう。

　ゲームセンターなどにある「もぐらたたきゲーム」は、「もぐら」のおもちゃが上下に動いて叩くものが多いですが、ここでは「micro:bit」のエッジ端子にある「0、1、2」の端子をタッチセンサのように使います。

　せっかくなので、もぐらが動いて応援してくれるようにしましょう。
**第3章**で紹介したサーボモーターを使います。

図4-40　もぐらたたきゲーム

### ■作りたいもの

　もぐらの穴に見立てた「タッチセンサ」を3個用意して、ランダムでタッチする場所を出題します。

　タイミングよく、指定された場所をタッチできれば、得点が入ります。

　1回5ゲームで、何回でも行なうことができ、すべての得点を記録します。

## ■用意するもの

以下のものを用意します。

・micro:bit
・MicroUSB（プログラムの書き込みを行ないます）
・PC（「MakeCode」でプログラムを作ります）
・サーボモーター（SG-90 360度回転サーボモーター）
・ダンボール箱
・エッジコネクタ
・ジャンパワイヤー（オス／メス）
・ワニロクリップ
・アルミホイル

## ■プログラム作成

プログラムを作ります。

このプログラムでも、値を格納する入れ物である"変数"を使います。
今回用意するのは、「得点を格納する」ための変数です。

### 手 順

**[1]** 変数を作る
　「得点」は1ゲームごとの得点が格納され、「総合点」はすべてのゲームの点数
を格納します。

　「最初だけ」ブロックに、変数を初期化した「変数　XXX を(0)にする」を付けます。

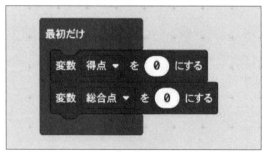

図4-41　変数の設定

**[2]** タッチする「もぐらの穴」を乱数を使って作る

「Aボタン」を押したら、ゲームが始まるようにします。

「ボタンAが押されたとき」ブロックを用意します。

動きをランダムにしたいので、「計算」メニューから「(0)から(10)までの乱数」ブロックを選び、新しい変数「ゲーム」を作って、ゲームの値として「(0)から(10)までの乱数」ブロックをくっつけます。

乱数は、3つ用意したいので、「0から2までの乱数」にします。

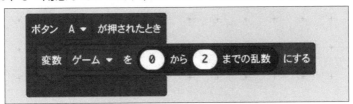

図4-42 ゲーム開始時の乱数

**[3]** 「ゲームの回数」を決める

5回ランダムに表示を変更したいので、「ループ」メニューから「くりかえし(4)回」ブロックを選び、4回の部分を5回に変更します。

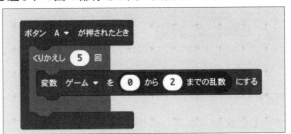

図4-43 くりかえし5回

[4]「ランダムに生成するお題」を作る

乱数で出た数字の処理部分を作っていきます。分岐の処理は「論理」メニューでした。

下記のように作ります。

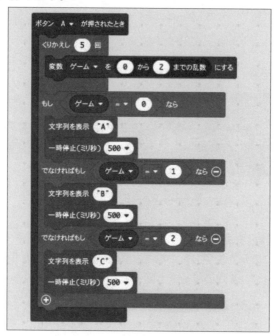

図4-44　乱数で出た数字の処理

プログラムの説明をします。

＊

もし、変数ゲームに格納されている値が"0"であれば、LEDに"A"を表示します。

同様に、ゲームの値が"1"ならLEDに"B"を表示し、ゲームの値が"2"ならLEDに"C"を表示する、というシンプルな分岐です。

**[5]** 「当たり判定」を作る

　ただ表示するだけではゲームにならないので、「判定するプログラム」を追加します。

　「入力」メニューから「端子(P0)が短くタップされたとき」ブロックを使います。
　「端子 (P0)」は、エッジコネクタ部分の「0、1、2」部分で、タッチセンサとしても使うことができます。

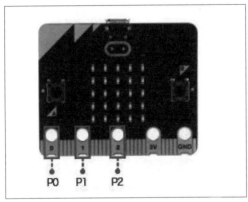

図4-45　タッチセンサ

　3つあるので、それぞれ、どのタイミングでタッチすれば得点になるのか、得点を加算する方法を追加します。

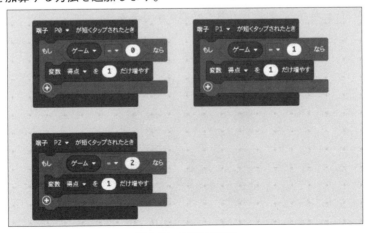

図4-46　各端子の設定

　タッチセンサは、いつ触れても「タッチしたかどうかの判定」はしますが、得点が加算すべきタイミングのときだけ動くように、「論理」メニューのブロックを使っています。

　変数「ゲーム」が、「0、1、2」で指定されたようにタッチできた場合、変数「得点」を1ずつ加算します。

**[6]** 総合点を表示する
　1ゲームずつの得点以外にも、「総合点」を表示できるようにします。
　「Bボタン」を押したときに総合点を表示させます。

　先ほど作った「Aボタン」の最後に、「総合点」に加算するプログラムを追加します。

図4-47　総合点の計算

　「Aボタン」を押すごとに変数「得点」に格納された値はクリアされるので、その前に変数「総合点」に追加しておく必要があります。

　「Bボタン」を押したら、総合点が表示されるようにします。

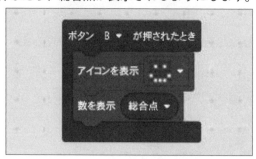

図4-48　総合点の表示

**[7]** モーターを動かす

　最後に、「モーター」を動かす仕掛けを追加します。

　「高度なブロック」メニューをクリックすると、新しいメニューが表示されます。

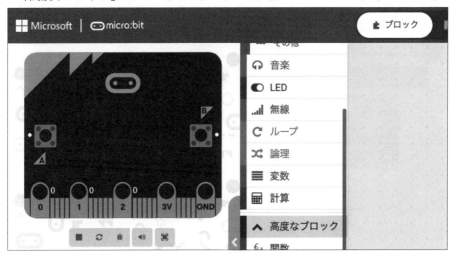

図4-49　高度なブロック

　その中の「入力端子」メニューをクリックして、「サーボ　設定する　端((P0)角度(180)」を選び、「ずっと」ブロックに接続します。

図4-50　「サーボ　設定する　端((P0)角度(180)」ブロック

接続する端子の「P0、P1、P2」は、タッチセンサで使っています。

「P3、P4、P10」はLEDの制御にも使われており、サーボモータに使うと、LEDがうまく動きません。そのため、"P5（出力のみ）"を使います。

また、サーボのブロックを接続すると、左側のシミュレーションにもサーボモータが表示されるようになります。

図4-51　左の画面にサーボモータが表示される

[8]作成するすべてのプログラム

すべてのプログラムは、下記のようになります。

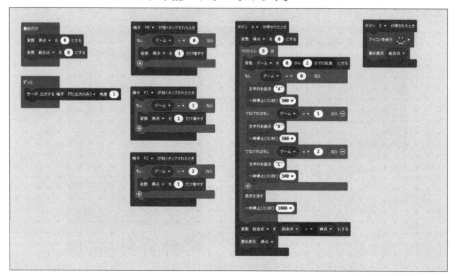

図4-52　すべてのプログラム

**[9]** エッジコネクタの接続

　プログラムを書き込みましたが、この「micro:bit」単体だけでは動きません。
「エッジコネクタ」と呼ばれる「拡張基板」が必要です。

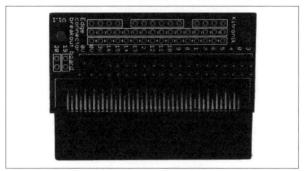

図4-53　エッジコネクタ

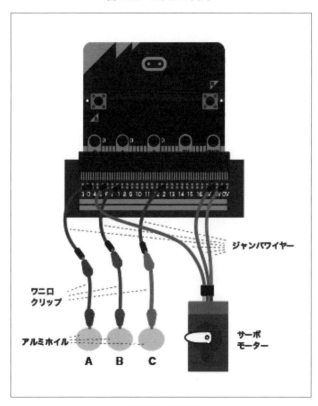

図4-54　接続例

- アルミホイルの「A」は、基盤の【0】と接続します。
- アルミホイルの「B」は、基盤の【1】と接続します。
- アルミホイルの「C」は、基盤の【2】と接続します。
- サーボモータの「黄色い線」は、基盤の【5】と接続します。
- サーボモータの「だいだい色の線」は、基盤の【3V】と接続します。
- サーボモータの「茶色い線」は、基盤の【0V】と接続します。

接続に必要な用具は、「ワニ口クリップ」と、「ジャンパワイヤー」です。

ワニ口クリップは、ワニの顔のような形状で、通電する素材をクリップで挟んで電気を通します。

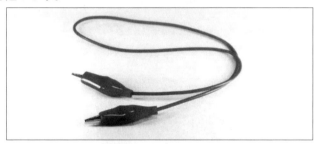

図4-55　ワニ口クリップ

ジャンパワイヤーは、「ブレッドボード」や「エッジコネクタのピン」などをつなぐ用途で使います。

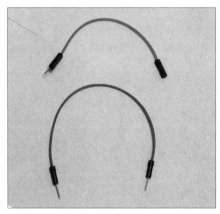

図4-56　ジャンパワイヤー

　ジャンパワイヤーには「オス」「メス」があり、写真上部は「オス-メス」、写真下部は「オス-オス」になります。
　ここで使うのは「オス-メス」のジャンパワイヤーです。

**[10]** 各パーツの設置
　「micro:bit」を箱に設置していきます。
　小さめの箱を用意し、まずは上部箱中央に、エッジコネクタを固定します。

図4-57　箱にエッジコネクタを固定

**[11]** モーターに「もぐら」を付ける
　回転するモーターに「もぐら」を取り付けます。

　ひょっこり顔を出した「もぐら」のイラストを厚紙に描いて作ります。
　「もぐら」の顔は半円型に描いてください。

　※「もぐら」部分は回転するので、縦に長いと引っかかる可能性があります。

図4-58　「もぐら」の絵

描いたイラストを切り取り、「モーターの羽」に取り付けます。

図4-59 モーターに絵を付ける

箱にもぐらが出入りする穴をあけて、モーターを取り付けます。

「もぐらがクルクル回りながら出入りする仕掛け」が出来ました。

図4-60 「もぐら」が出入りずる仕掛け

**[12]** タッチセンサ部分を作る

引き続き、「タッチセンサ部分」を作ります。

タッチ部分には、「アルミホイル」を使います。

アルミは電気を流します。

自由な形でタッチセンサが作れるので、今回は「もぐらの穴」のような丸い形にします。

ただし、「ワニロクリップ」を取り付けたいので、完全な丸ではなく、取り付ける部分を残しましょう。

図4-61 アルミホイルを切る

アルミホイルの長く伸ばした部分を、小さく折りたたみます。

ワニ口クリップを取り付けても、すぐにホイルが切れたり、ワニ口クリップが外れてしまったりしないようにします。

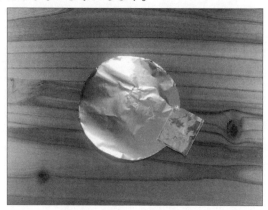

図4-62　アルミホイルを折りたたむ

同じものを3つ作って、箱に「のり」で貼り付けます。
箱からはみ出ている部分に、ワニ口クリップを取り付けてください。

図4-63　「もぐらの穴」の設置

**[13]** コードを取り付ける

すべてのコードを取り付けたら、完成です。

図4-64　もぐらたたきゲームの完成

## 4-3 「イルミネーション・ギター」を作ろう

「micro:bit」には、音楽が作れるブロックがあります。

「micro:bit v2」からは「スピーカー」も内蔵されより使いやすくなりました。

「micro:bit」と「Neo Pixel」(ネオピクセル) を使って、ステージを華やかにする「ギター」を作ります。

図4-65　ギターの完成イメージ

## ■作りたいもの

「MakeCode」の「音楽」ブロックと、「配列」ブロックを使って、タッチするごとに音楽が1音ずつ流れる「ギター」を作ります。

タッチのタイミングを変えれば、まるで自分で弾いている感じを体感できます。

さらに「ギター」を華やかにするため、「Neo Pixel」というテープ状のLEDを使ってキラキラと輝く、「イルミネーション・ギター」を作ります。

## ■用意するもの

以下のものを用意します。

---

・micro:bit
・MicroUSB（プログラムの書き込みを行ないます）
・PC（「MakeCode」でプログラムを作ります）
・Neo Pixel（3章で説明）
・ワニ口クリップ（3章で説明）
・ジャンパワイヤー（4章2で説明）
・ダンボール、ペン、カッター、アルミホイル（ギターの外装作成用）

---

## ■「micro:bit」に書き込むプログラムの作成

まずは「音楽」を作りましょう。

「MakeCode」には、用意されているメロディーもありますが、1から作ります。

手 順

**[1]**音を1音だけ作ってみる

「MakeCode」の「音楽」メニューのブロックを確認すると、「メロディー」から「テンポ」「スピーカーの音量」まで、さまざまなブロックが揃っています。

「音を鳴らす高さ(Hz)＜真ん中のド＞ 長さ1拍」ブロックを、「最初だけ」ブロックにくっつけます。

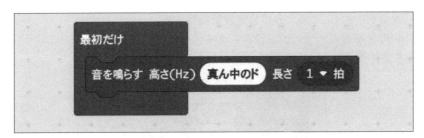

図4-66　「音楽」メニューから「音を鳴らす」を出す

"真ん中のド"をクリックすると鍵盤が出てくるので、"真ん中のレ"を選択します。

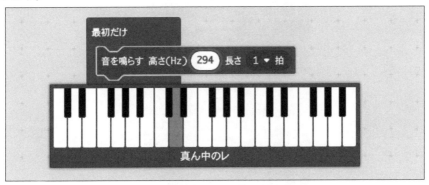

図4-67　真ん中のレ

**[2]**「メロディー」になるように音を複数設定する

図4-66を参考に、他の音も設定します。

長さはすべて「1拍」です。

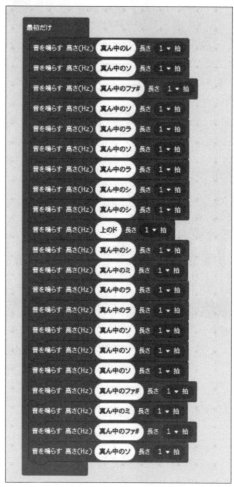

図4-68　音の設定

**[3]** プレビューで音楽を流して確認する

作成後、プレビューして音楽を確認してください。PCのスピーカーから、作っ
たメロディーが流れます。

一度は聴いたことがある曲かと思います。

「大きな古時計」のメロディーです。

**[4]** タッチするたびに1音ずつ変わるように設定をする

　タッチセンサをタッチするたびに1音ずつ鳴らしたいので、「配列」を使います。
配列は、よく「データを入れておく箱のようなもの」と、説明されます。

　複数の箱が連なって、その箱1つ1つにデータを格納しておき、たとえば3
番目の値を出す場合は、「3番目」と指定すると、そこに格納してあるデータを
出すことができます。

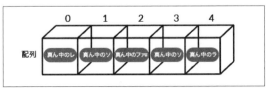

図4-69　配列イメージ

　「変数」メニューで新しい変数"配列"を作り、「変数 配列 を0にする」ブロッ
クを「最初だけ」ブロックに付けます。

図4-70　変数「配列を＜0＞にする」

　「配列」メニューから「空の配列(+)」ブロックを"0"の部分に付けます。

図4-71　「空の配列(+)」ブロック

図4-72　配列を＜空の配列(+)＞にする

**[5]** 音を1音ずつ配列に格納する

「配列」メニューから「配列の最後に()を追加する」ブロックを選択し、「音楽」メニューから「真ん中のド」を選択して、「真ん中のレ」に変更して取り付けます。

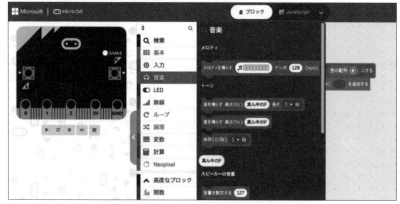

図4-73　配列の最後に(真ん中のレ)を追加する

**[6]** メロディーをすべて配列に入れる

　最初に作ったメロディーを、下記のようにすべて配列に入れていきます。

　最後に「スマイルアイコン」を表示し、読み込みが完了したことが分かるようにします。

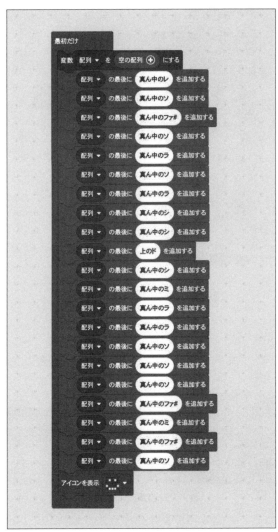

図4-74　配列の全体図

**[7]** タッチされたら音を鳴らす設定にする

タッチされたときに、それぞれの配列に格納された音を「1音ずつ」鳴らすように、「ずっと」ブロックを使って設定します。

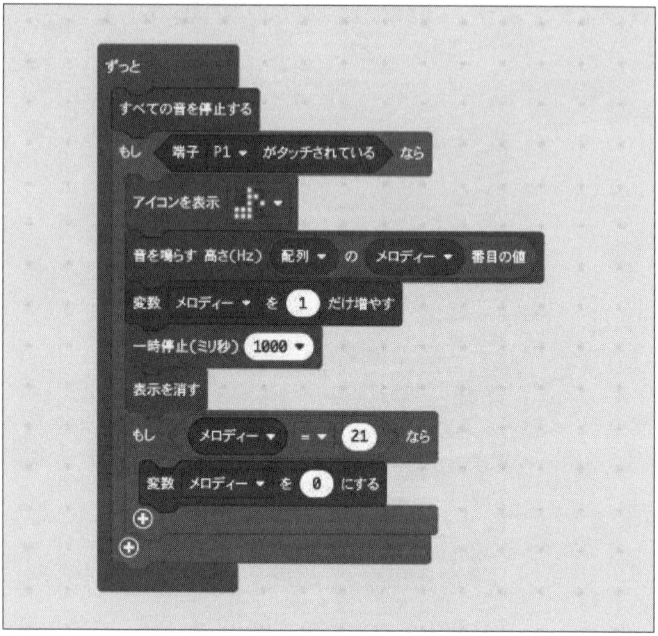

図4-75　タップ時のプログラミング

いちばん最初に、「すべての音を停止する」ブロックをくっつけて、その下に「論理」ブロックで、「端子 (P1) がタッチされている」ときのプログラムを記述しています。

図4-76　変数「メロディー」

新しく、「メロディー」という変数を作成しています。

変数「メロディー」は、「今、配列の何番目か」を記録しています。

「配列のメロディー番目の値」ブロックは、メロディーが「0番目」なら、配列の0番目に格納された値である、"真ん中のレ"を鳴らします。

その後、「変数メロディーを1だけ増やす」としているので、再度「P1」がタッチされれば、配列の1番目の値"真ん中のソ"が鳴ることになります。

配列がなくなった場合は、再度「0番目」に戻りたいので、「論理」ブロックでメロディーの値が"21"と同じであれば、メロディーの値を"0"にするようにしています。

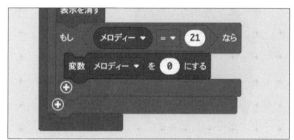

図4-77 メロディーを＜0＞にする

再度「最初だけ」ブロックに戻り、足りないブロックを追加します。

**[8]** スピーカーをONにする設定を入れる
「最初だけ」のすぐ下に、「内蔵スピーカーをオンにする」ブロックと、「変数メロディーを0にする」を追加します。

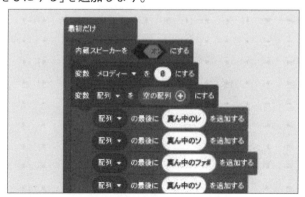

図4-78 「内蔵スピーカーをオンにする」ブロックと、「変数メロディーを0にする」

これで、P1をタッチごとに音が1音ずつ鳴るプログラムが出来ました。

**[9]** プレビューで確認する
　「MakeCode」左側のプレビューで確認してみます。

　「micro:bit」のエッジコネクタ部分、「1」と書かれた箇所を、マウスでタッチするとブラウザから音が鳴ります。

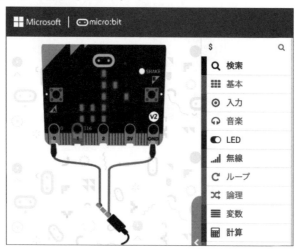

図4-79　プレビュー

**[10]** 「ネオピクセル」を「MakeCode」で使えるように拡張機能を追加する
　次は、ギターを光らせてカッコよくしたいと思います。
　3章で紹介した「Neo Pixel」(ネオピクセル)を使用します。

図4-80　ネオピクセル

ネオピクセルを制御するブロックは、「MakeCode」にはありませんが、拡張機能を追加することで、制御することが可能になります。

「歯車アイコン」をクリックして、「拡張機能」をクリックします。

図4-81　拡張機能

検索エリアに"neopixel"を入力して検索すると、いちばん左に表示されるので、クリックします。

図4-82　neopixel

「Neopixel」メニューが表示されるようになります。

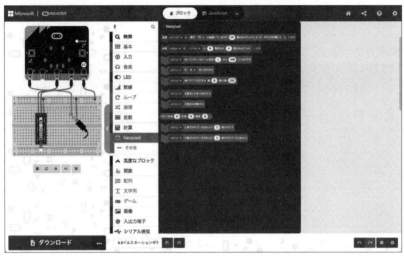

図4-83 「Neopixel」メニュー

**[11]** 点灯パターンを設定する

「最初だけ」ブロックの下に、「変数stripを端子P2に接続しているLED13個のNeoPixel（モードRGB（GRB順））にする」ブロックと、「stripをレインボーパターン（色相1から360）に点灯する」ブロックを追加します。

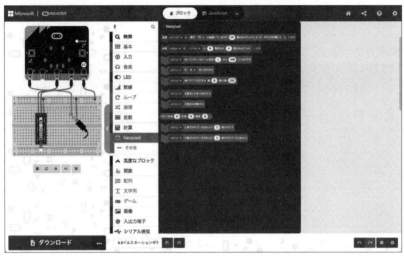

図4-84 点灯パターンの設定

　前者のブロックは、「どの端子にネオピクセルを接続するか」「ネオピクセルのLEDは何個にするか」を設定しています。

　後者のブロックは、「どのように光らすのか」を設定しています。
　このブロックでは、「レインボーのようなグラデーション」で表示する設定にしています。

**[12]** 揺れたときにネオピクセルの色が変わるようにする
　ギターが揺れたときにネオピクセルの色を変えたいので、「ゆさぶられたとき」ブロックを用意して、「stripに設定されている色をLED3個分ずらす（ひとまわり）」と、「stripを設定した色で点灯する」ブロックを接続しています。

　どちらのブロックも「ネオピクセルの設定」ですが、**前者**はレインボーのパターンを3つずつズラして、レインボーカラーが流れるような表現にしています。
　**後者**は、設定した色を反映するために追加しています。

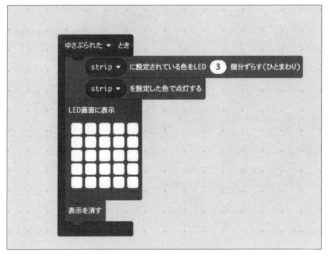

図4-85　揺れた時の色設定

**[13]**作ったプログラムを確認する

　下記がすべてのプログラムです。

　完成したら、「micro:bit」に書き込みましょう。

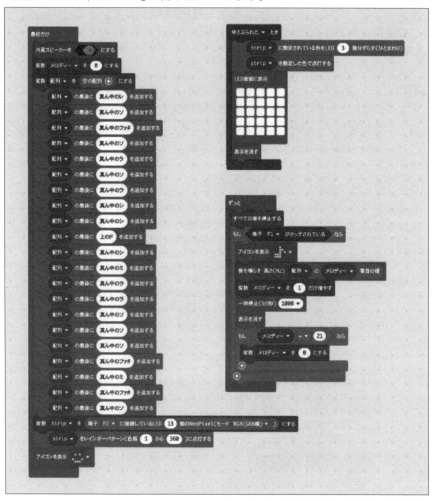

図4-86　すべてのプログラム

**[14]** ギターを作る

「micro:bit」を取り付けるギターを作ります。

まず、「ダンボール」をギターの形に切り抜きます。

図4-87　ダンボールを切る

ネオピクセルは長い「リール」状態の場合、13個で切り離します。

図4-88　ネオピクセルを切る

ダンボールに色をつけ、ネオピクセルを取り付け、アルミホイルでタッチ部分を作成すれば、完成です。

図4-89　「ギター」の完成イメージ

**[15]** 「micro:bit」を取り付ける

「micro:bit」のエッジ部分にワニ口クリップを取り付け、ネオピクセルとアルミホイルのタッチセンサ部分に取り付けます。

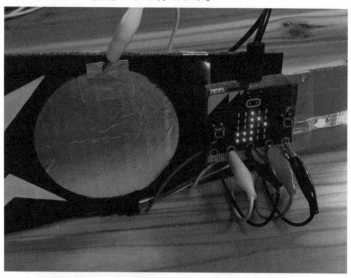

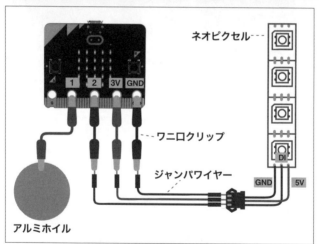

図4-90 「micro:bit」の取り付け部分

アルミホイル部分をタッチすると、音が1音ずつ流れます。

また、ギターを揺らすことで、ネオピクセルがキラめきます。

# 4-4 「自動走行するロボット」を作ろう

複数の会社から「micro:bit用ロボット」が発売されており、ロボットのプログラミングも可能です。

ここでは、「ミニ四駆」や「プラモデル」の製造を行なっているTAMIYA㈱の、「マイコンロボット工作セット（クローラータイプ）」を使って、ロボット開発を行ないます。

図4-91　マイコンロボット工作セット（クローラータイプ）

## ■作るロボット

ロボットの名前を呼んだら、2秒だけ前進して来てくれるロボットを作ります。

### ■用意するもの

以下のものを用意します。

---

・micro:bit
・MicroUSB (プログラムの書き込みを行ないます)
・PC (「MakeCode」でプログラムを作ります)
・マイコンロボット工作セット (クローラータイプ)

---

### ■組み立て

「マイコンロボット工作セット (クローラータイプ)」は、組み立てが必要です。
組み立てることで、ロボットの仕組みが分かるので、楽しみながら作ること
ができます。

組み立ては中学生~高校生程度を対象にしているため、小学生は保護者の方
と組み立てることをお勧めします。

※なお、本書では「プログラミングのみ」の説明になります。

図4-92　パッケージ

## ■プログラム作成

　「マイコンロボット工作セット」は、「micro:bit」が付属されており、その「micro:bit」には初期のプログラムが書き込まれているので、「障害物を避けるロボット」としても遊ぶことができます。

　しかし、残念ながら、付属の「micro:bit」は古いタイプ(v1)で、「マイク」などの新しい機能が使えません。

　ここでは、「micro:bit v2」を使ったプログラムを作ります。

　「マイコンロボット工作セット」では、そのまま使える「サンプルプログラム」を配布しているので、そのプログラムを一部変更して使います。

図4-93　TAMIYA公式サイト
https://www.tamiya.com/japan/robocon/topics/programming190530.html

手 順

**[1]** 走行用プログラムをダウンロード

　上記のサイトから「★No.03「シンプルな走行用プログラム」(応用/サンプルプログラム)」の「03_RunningProgram_v1.hex」をダウンロードします。

　プログラムの保存は、「Windows」の場合は、マウスを右クリック「名前を付けてリンク先を保存」。
　「Mac」の場合は、マウスを右クリックして、「別名でリンク先を保存」でダウンロードします。

**[2]**「hexデータ」を開く

　「MakeCode」上で作られた「hexデータ」は、「MakeCode」上で開くことができます。

　「MakeCode」ホーム画面 (https://makecode.microbit.org/) で、「読み込む」ボタンをクリックします。

図4-94　MakeCode

「ファイルを読み込む…」をクリックして、ダウンロードした「03_Running Program_v1.hex」ファイルを選択して開いてください。

**[3]** プログラムを確認する

図4-95　ファイルの読み込み

開くと、**図4-96**のようなプログラムが表示されます。

このプログラムを参考に、「ロボットを呼んだら2秒だけ前進してくれるプログラム」に書き換えます。

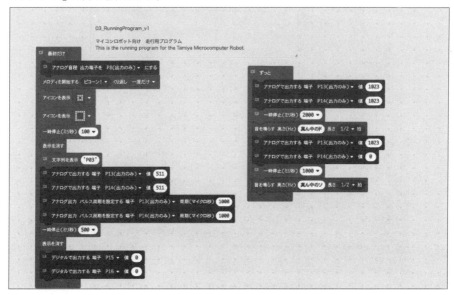

図4-96　シンプルな走行用プログラム

「最初だけ」ブロックのプログラムから説明します。

「最初だけ」ブロックのすぐ下にある、「アナログ音程 外部出力をP8（出力のみ）」にする」は、スピーカーの出力先を設定しています。

このスピーカーは、「micro:bit」ではなく、ロボットの基板についているスピーカー（ブザー）を設定しています。

図4-97 「最初だけ」ブロックのプログラム

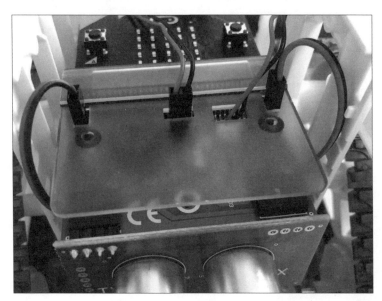

図4-98 クローラーのスピーカー

「最初だけ」ブロックの中間にある「アナログで出力する　端子P13（出力のみ）値511」は、「モーターの設定」です。

「P13端子」は右側のモーター、「P14端子」は左側のモーターを指しています。
値"511"は停止です。

もし前に進みたいときは、"511〜1023"までの値で設定します。
逆に後退したいときは、"551〜0"までの値で設定します。

このプログラムでは"511"なので初期値は「停止」しています。

「アナログ出力　パルス周期を設定する端子P13（出力のみ）周期マイクロ秒1000」は、「モーターのパルス周期」を設定しています。

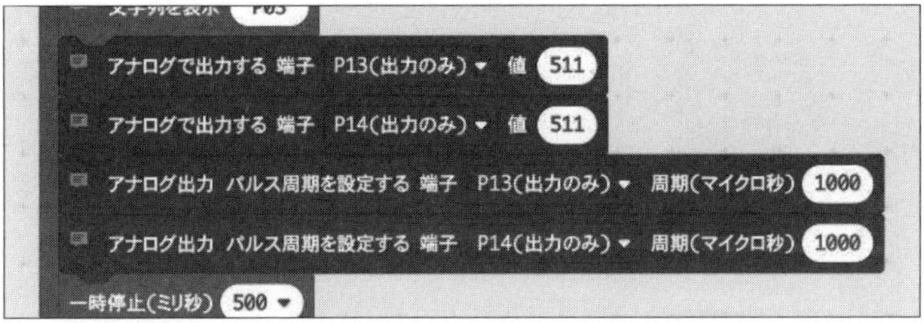

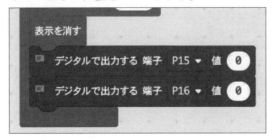

図4-99　モーターの制御

「最初だけ」ブロックの下部にある「デジタルで出力する端子P15値0」ブロックは、モーターの「ブレーキ」です。
「値が"0"の場合は、ブレーキを解除する」という意味です。
ブレーキをかけたいときは、値を"1"にします。

図4-100　ブレーキ

**[4]** プログラムを変更する

以上が、「最初だけ」ブロックに設定されたプログラムの内容です。

ここから、目的のプログラムに変えていきます。

まずは、「デジタルで出力する端子P15値0」と「デジタルで出力する端子 P16値0」のブロックだけ削除し、「ブレーキをかけた状態」にしておきます。

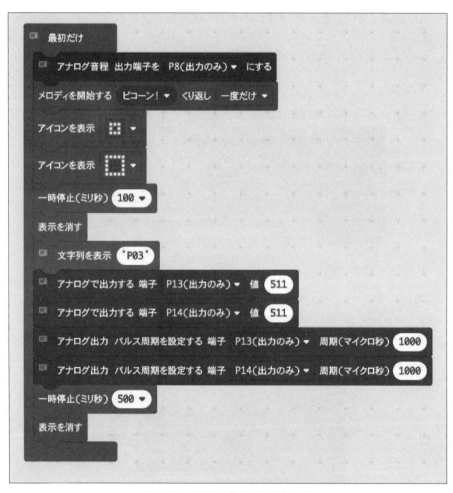

図4-101　修正した「最初だけ」ブロック

　一定の音の大きさで動くロボットにしたいので、「まわりの音のおおきさ」ブロックを使います。

　もし、周りの音の大きさが128より大きくなったら実行するプログラムにします。

> ※「まわりの音がうるさくなったとき」ブロックもありますが、「最初だけ」ブロックを実行している最中に動いてしまうため、意図したとおりに動きません。
> ここでは「論理」メニューのブロックを使って実現しています。

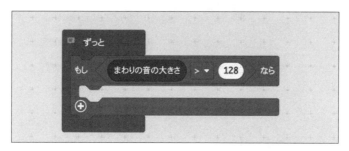

図4-102　周りの音の大きさが"128"以上なら実行するブロック

　「最初だけ」ブロックから削除した、「デジタルで出力する端子P15、P16 値0」を使います。
　このブロックは「ブレーキを解除するブロック」です。

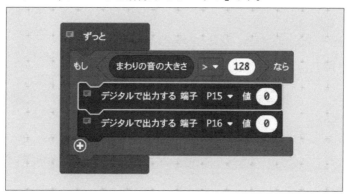

図4-103　ブレーキを解除するブロック

　続けて、「ロボットを2秒間前進させるプログラム」と、「ロボットが動くことを知らせるアラーム」を追加します。

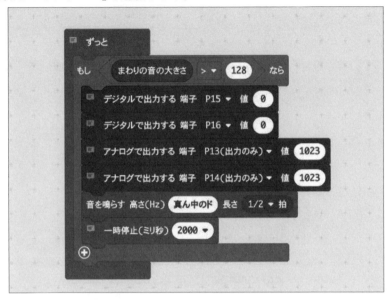

図4-104　ロボットを2秒間前進させて音を出す

　「アナログで出力する端子 値1023」は、"511"より大きいので「前進するプログラム」です。

　一時停止を「2000ミリ秒」（2秒）で設定しています。
＊
　最後に、「モーターを止めるプログラム」を追加したら完成です。
　モーターを止める場合は、「アナログで出力する端子 値511」にすると停止になります。

　その後「デジタルで出力する端子 値1」でブレーキを掛けています。

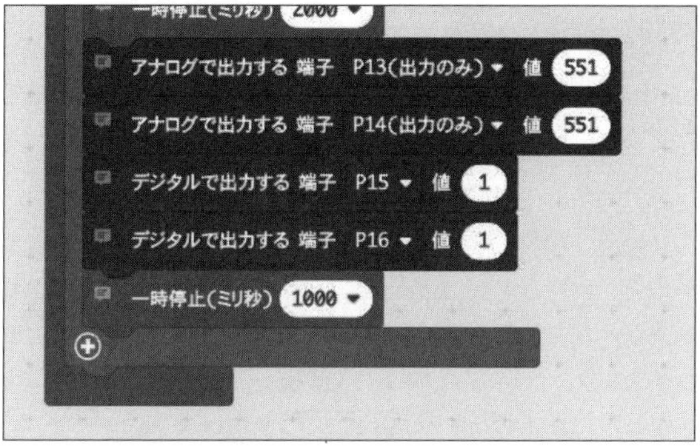

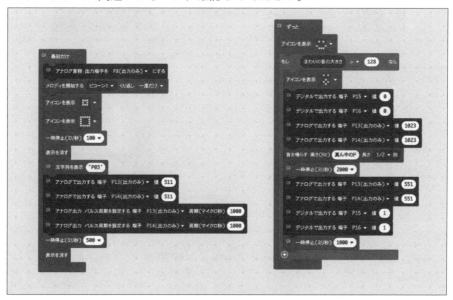

図4-105　モーターを止めるプログラム

プログラムの最後に「一時停止（ミリ秒）1000」ブロックを入れています。

これは、停止後すぐに「音の計測」が始まると、モーター音を感知してエンドレスで動いてしまうため、それを防ぐためです。

＊

LED部分が少し寂しいので、最後にアイコンを入れて完成です。

プログラムに間違いがないか、確認してください。

図4-106　プログラム全体

## ■プログラムの書き込み

他のプログラムと同様に、**第2章**で説明した「WebUSB」を使って、「micro:bit」にプログラムをダウンロードします。

作ったプログラムを「micro:bit」にダウンロードしても「MakeCode」でプログラムした内容が反映されない、「micro:bit」に電源を入れると泣き顔のアイコンが表示されたあと、"529"の数字3つが表示される場合は、エラーにより正常にプログラムがダウンロードできない状態になっています。

その場合は、次の"「WebUSB」を使わない方法"を試してください。

### 手 順

**[1]**「micro:bit」との接続を解除する

「WebUSB」と接続している場合は、Web ブラウザのアドレスバー内にある「錠前マーク」をクリックします。

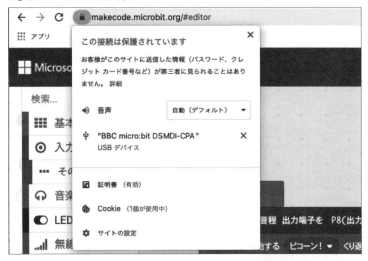

図4-107　接続している「micro:bit」を表示

接続している「micro:bit」が表示されるので、右側の「×」ボタンをクリックして削除します。

**[2]** プログラムファイルをダウンロード

「ダウンロード」ボタンをクリックして、PCにプログラムファイルをダウンロードします。

「micro:bit」とPCをUSBケーブルで接続し、プログラムを「micro:bit」にドラッグ&ドロップします。

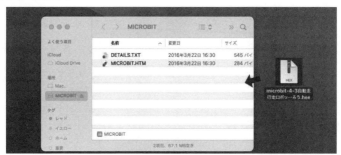

図4-108　プログラムを「microbit」にドラッグ&ドロップ

上記方法で書き込めば、エラーは出ないと思います。

また、配布されているサンプルプログラムをそのまま「micro:bit」にドラッグ&ドロップしても、エラーが出る可能性があります。

理由は、2021年10月時点では「マイコンロボット工作セット」が「micro:bit v2」に対応していないからです。

「MakeCode」は「micro:bit v1」「micro:bit v2」と互換性がありますが、「micro:bit v2」がリリースされる前に「MakeCode」で作られたプログラムの一部は「micro:bit v2」に書き込めません。

再度「MakeCode」で開き、プログラムをダウンロードし直すと、書き込めるようになります。

プログラムの「ダウンロード」(書き込み) 後、「micro:bit」をマイコンロボットに取り付けて、電源を入れてみましょう。

大きな声でロボットを呼んであげると、2秒だけ前進して寄ってきてくれます。

## 4-5 「スマートホーム」を始めよう

「スマートホーム」とは家電製品をインターネットにつないでコントロールしたり、AIの技術を使い快適な暮らしを実現したりする住宅システムのことです。

「Amazon Echo」や、「Google Home」などを使い、音声で電化製品をコントロールしている家も多いのではないかと思います。

多くは「Wi-Fi」や「Bluetooth」を使い家電製品をインターネットに接続して使っています。

ここでは、「JavaScript」と呼ばれるプログラム言語と「Bluetooth」を使い、「micro:bit」とブラウザを無線で接続し、制御してみたいと思います。

インターネットに接続はしていないので、厳密には「スマートホーム」でありませんが、「スマートホーム」を体感できるシステムを作ります。

図4-109　スマートホームイメージ

## ■作る「スマートホーム」のイメージ

「micro:bit」と、「Androidタブレット」、または「PCのChromeプラウザ」を「Bluetooth」で接続します。

「micro:bit」で取得した温度を「Androidタブレット」または「PCのChromeプラウザ」で出力し、「室内温度管理システム」を作ります。

## ■用意するもの

以下のものを用意します。

---

・micro:bit
・MicroUSB (プログラムの書き込みを行ないます)
・PC (「MakeCode」でプログラムを作ります)
・Androidタブレットまたは PC (表示用 Chromeプラウザ)

## ■「Web BluetoothAPI」とは

「Bluetooth」は、無線通信規格の1つで、対応した機器はワイヤレスでデータのやり取りが可能です。

国際標準規格のため、対応しているデバイスであれば各国どんなメーカー同士でも接続が可能です。

よく知られているものとしては、「イヤホン」があります。

\*

「Bluetooth」は、他にもセンサとスマートフォンを接続したり、IoTデバイス間の接続にも使われています。

「Web Bluetooth API」は「Webブラウザ」から「Bluetoothデバイス」と直接通信できるAPIです。

「Webブラウザ」から「Bluetoothデバイス」を検索したり、デバイスの情報を書き出したり、逆に読み込んだりすることを可能にします。

「Web Bluetooth API」は非常に便利な機能ですが、すべてのブラウザが対応しているわけではありません。

「Chromeブラウザ」の対応がいちばん進んでいるので、「Chromeブラウザ」を使って説明します。

最新の対応状況は、W3Cの「Web Bluetooth CG」(Github) で公開されているので、確認してみてください。

図4-110　WebBluetoothCG
https://github.com/WebBluetoothCG/web-bluetooth/blob/main/implementation-status.md

本書では、「Chromeブラウザ」で開発、「Androidタブレット」で表示することを想定しています。

## ■「micro:bit」に書き込むプログラムの作成

「micro:bit」を他のデバイスから操作するためのプログラムを「MakeCode」で作ります。

**手 順**

**[1]**「Bluetooth を「MakeCode」で使えるように拡張機能を追加する

「Bluetooth」を使用するためには、拡張機能を追加する必要があります。
「歯車アイコン」をクリックして、「拡張機能」を選択します。

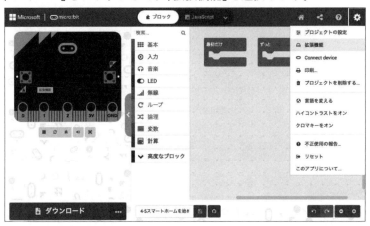

図4-111　拡張機能

拡張機能一覧が表示されます。
検索エリアに "Bluetooth" を入力すると、「Bluetooth」が上部に表示されるので、クリックします。

図4-112　「Bluetooth」拡張機能

「Bluetooth」を選択する「radio（無線）機能」が使えなくなります。
「一部の拡張機能を削除してbluetoothを追加する」をクリックします。

図4-113　拡張機能の削除

これで、「Bluetoothを操作できるブロック」が使用できるようになりました。

**[2]** プログラムの作成

　[「micro:bit」の温度を「Bluetooth」で自由に通信できるようにするため、
「Bluetooth」メニューから、「Bluetooth 温度計サービス」を選択し「最初だけ」ブ
ロックに接続します。

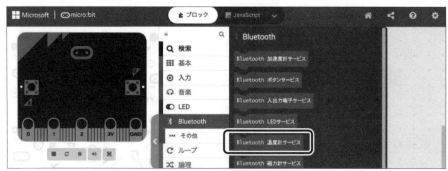

図4-114　Bluetooth 温度計サービス

　デバイスとmicro:bitが接続状態か分かるように、「Bluetooth 接続されたとき」、
「Bluetooth 接続が切断されたとき」ブロックを配置します。

さらに、それぞれの状態が視覚的に分かるように「アイコン表示」ブロックを追加して、完成です。

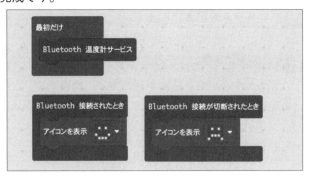

図4-115 「アイコン表示」ブロック

**[3]** ペアリングの設定

最後に「micro:bit」を他のデバイスから接続できるように「ペアリング」を不要にします。

「歯車アイコン」をクリックして、「No Pairing Required: Anyone can connect via Bluetooth.」を選択します。

図4-116 ペアリングの設定

＊

以上で、「micro:bit」側のプログラムは完了です。
「micro:bit」にプログラムを書き込みます。

## ■Webブラウザに表示するプログラムの作成

「micro:bit」にプログラムを書き込んだだけでは、動かすことはできません。
引き続き、「micro:bit」をつなげる「Webブラウザ側のプログラム」を作ります。

プログラムは「HTML」と「JavaScript」で作ります。
「HTML」は、主に見た目の表示についての記述です。

### 手 順

**[1]** プログラムの作成
　「Bluetoothの制御」については「JavaScript」で<script>～</script>の中に記載します。

[プログラム]

```
<!DOCTYPE html>
<html lang="ja">
<head>
<meta charset="UTF-8">
<title>温度計測システム</title>
<style type="text/css">
body {
  background:#17181c;
  text-align: center;
  margin: 0;
  color: #fff;
}
h1 {
  font-size: 2rem;
  font-weight: normal;
  margin-block-start: 1em;
  margin-block-end: 1em;
}
#tempe {
```

```
    font-size: 0.75rem;
    margin-right: 10px;
}
#tempe-valu {
    font-size: 3.125rem;
}
.button {
    display: flex;
    justify-content: center;
    margin: 60px 0;
}
a {
    color: #ef6eae;
    font-size: 16px;
    font-weight: bold;
    background: transparent;
    width: 130px;
    height: 60px;
    text-align: center;
    line-height: 60px;
    border: 2px solid #ef6eae;
    position: relative;
    z-index: 1;
    display: block;
    overflow: hidden;
    transition: .3s;
    margin: 0 20px;
}
a::before {
    content: "";
    width: 100%;
    position: absolute;
    top: 0;
    right: -60px;
    z-index: -1;
    border-right: 60px solid transparent;
    border-bottom: 60px solid #ef6eae;
    transform: translateX(-100%);
    transition: transform ease .3s;
}
a:hover {
```

```
  color: #fff;
}
a:hover::before {
  transform: translateX(0);
}
a.disconnect {
  color: #444;
  border: 2px solid #444;
}
a.disconnect::before {
  border-bottom: 60px solid #444;
}
a.disconnect:hover {
  color: #fff;
}
</style>
<script>
var targetMicrobit;

// 初期設定 micro:bit 温度
const TEMPERATURE_SERVICE = "e95d6100-251d-470a-a062-
fa1922dfa9a8";
const TEMPERATURE_CHARACTERISTIC_DATA   = "e95d9250-251d-
470a-a062-fa1922dfa9a8";
const TEMPERATURE_CHARACTERISTIC_PERIOD = "e95d1b25-251d-
470a-a062-fa1922dfa9a8";

function connect() {
  // 接続(スキャン)
  navigator.bluetooth.requestDevice({
    filters:[
    { services:[TEMPERATURE_SERVICE]},
    { namePrefix: "BBC micro:bit" }
    ]
  })
  // GATT接続
  .then(device => {
    targetMicrobit = device;
    return device.gatt.connect();
  })
  // プライマリサービス取得
```

```
    .then(server => {
      server.getPrimaryService(TEMPERATURE_SERVICE)
      //温度取得
      .then(service => {
        service.getCharacteristic(TEMPERATURE_CHARACTERISTIC_
PERIOD)
        service.getCharacteristic(TEMPERATURE_CHARACTERISTIC_
DATA)
        .then(characteristic => {
          characteristic.startNotifications()
          .then(char => {
            alert("micro:bitと接続しました");
            characteristic.addEventListener('characteristicva
luechanged',Temperature);
          })
        })
        .catch(error => {
          alert("micro:bitと接続できませんでした");
        })
      })
    })
    .catch(error => {
      alert("micro:bitと接続に失敗しました");
    });
    //温度出力
    function Temperature (event) {
      let temperature = event.target.value.getUint8(0);
      document.getElementById("tempe").innerText =
"temperature";
      document.getElementById("tempe-valu").innerText =
temperature + "℃";
    }
}
//接続解除
function disconnect() {
  if (!targetMicrobit || !targetMicrobit.gatt.connected)
return;
  targetMicrobit.gatt.disconnect();
  alert("切断しました。");
  document.getElementById("tempe").innerText = "";
  document.getElementById("tempe-valu").innerText = "";
```

```
}
</script>
</head>
<body>
  <h1>現在の温度</h1>
  <div class="button">
   <a class="connect" onclick="connect();">接続</a>
   <a class="disconnect" onclick="disconnect();">切断</a>
  </div>
  <div class="text">
   <span id="tempe"></span><span id="tempe-valu"></span>
  <div>
</body>
</html>


web-ble.html
```

### ■プログラムの説明

```
const TEMPERATURE_SERVICE = "e95d6100-251d-470a-a062-
fa1922dfa9a8";
  const TEMPERATURE_CHARACTERISTIC_DATA   = "e95d9250-251d-
470a-a062-fa1922dfa9a8";
  const TEMPERATURE_CHARACTERISTIC_PERIOD = "e95d1b25-251d-
470a-a062-fa1922dfa9a8";
```

"TEMPERATURE_SERVICE"、"TEMPERATURE_CHARACTERISTIC_ DATA"、"TEMPERATURE_CHARACTERISTIC_PERIOD"に設定されている英語と数字は、「UUID」と呼ばれるものです。「micro:bit」のセンサごとに用意されています。

このプログラムでは、温度センサの「UUID」を設定していますが、他のセンサ(「加速度センサ」や「ボタン」など)を使う場合は、「Profile Report」(https://lancaster-university.github.io/microbit-docs/resources/bluetooth/bluetooth_profile.html)を参考に設定します。

```
navigator.bluetooth.requestDevice({
filters: [
{ services: [TEMPERATURE_SERVICE] },
```

```
{ namePrefix: "BBC micro:bit" }
]
})
```

"navigator.bluetooth.requestDevice()" は、BLEのデバイスを選択するために、Chromeのポップアップウィンドウを表示します。

「Filters」に、{ namePrefix: "BBC micro:bit" }と「micro:bit」を設定し、合わせて「micro:bit」で使うセンサの「サービスUUID」を設定する必要があります。

図4-117　ペア設定

```
return device.gatt.connect();
```

**[2]** GATT接続

「BLE」のデバイスと接続したら「GATT接続」を行ないます。

「GATT」(ガット)とは「Generic Attribute Profile」のことで、BLEデバイス同士の通信が確立すると、どちらか一方が「サーバー」になり、もう一方が「クライアント」になります。

「GATT通信」とは、サーバーがもつデータ構造に従ってデータを読み書きできるようにします。

```
server.getPrimaryService(TEMPERATURE_SERVICE)
```

```
service.getCharacteristic(TEMPERATURE_CHARACTERISTIC_
PERIOD)


service.getCharacteristic(TEMPERATURE_CHARACTERISTIC_DATA)
```

**[3]**「プライマリサービス」「キャラクタリスティック」の取得
　接続後、「プライマリサービス」および、「キャラクタリスティック」を取得します。

```
function Temperature (event) {
let temperature = event.target.value.getUint8(0);
document.getElementById("tempe").innerText = "temperature";
document.getElementById("tempe-valu").innerText =
temperature + "℃";
}
```

「micro:bit」から送られた温度データを、HTMLに出力します。

図4-118　データの出力

**[4]** 接続の解除

「切断」ボタンを押すと、「micro:bit」との接続を解除します。

また、HTML に表示されていた温度の数字が残ってしまうので、数字を削除しています。

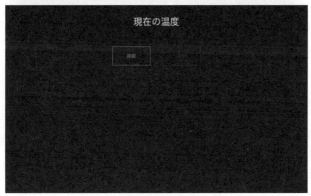

図4-119 「切断」と「数字の削除」

```
function disconnect() {
if (!targetMicrobit || !targetMicrobit.gatt.connected)
return;
targetMicrobit.gatt.disconnect();
alert("切断しました。");
document.getElementById("tempe").innerText = "";
document.getElementById("tempe-valu").innerText = "";
}
```

**[5]** プログラムの保存

　上記のプログラムを「テキストエディタ」などで作り、「web-ble.html」として保存します。

　表示する「Androidデバイス」をPCに接続し、「Androidデバイス」に「web-ble.htmlファイル」を保存します。

　「Androidデバイス」で「Chromeブラウザ」を立ち上げて、web-ble.htmlファイルを開いてください。

　「接続」ボタンをタップして、「micro:bit」と接続後に温度が表示されれば成功です。

※「micro:bit」と通信できる距離は10m程度です。
　また障害物によっては、通信距離が短くなることもあります。

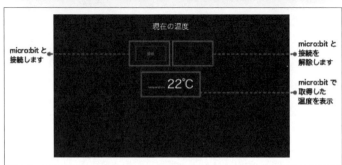

図4-120　Webブラウザ表示説明

　以上が、「Web Bluetooth API」を使用して、「micro:bit」で取得した温度データを、「Bluetooth」で「Webブラウザ」に送る方法の説明でした。

　外部のセンサから値を取得して、画面に出力したり、インターネットに送り情報を活用したりすることは「IoT」の基本です。

　次の4-6では、「IoT」をさらに体感してもらうため、実際に「micro:bit」で取得したデータを、インターネットに送り活用する方法を紹介します。

## 4-6　IoTをはじめよう　室温管理システムを作る

4-5では、「スマートホーム」のシステムを紹介しました。
この項目では、よりIoTを体感できる装置を作っていきたいと思います。

　なぜ「IoT」を実現するには電子工作が必要なのか、「IoT」によって何ができるのかを解説します。

### ■「IoT」とは？「IoT」で実現できる未来

　「IoT」という言葉を耳にしたことがあるかと思います。
　「IoT」とは、「Internet of Things」(インターネット・オブ・シングス)の頭文字をとった言葉で、日本語にすると「モノのインターネット」と訳されています。

　「IoT」を簡単に説明すると、「あらゆる"もの"がインターネットを通じて通信する」、という意味です。

　近年では、家電製品を中心に、家電自体を「Wi-Fi」などと接続し、インターネットを利用することで使い勝手の良いサービスを受けれることも多くなりました。

　今後、ありとあらゆるものが、インターネット空間を使い相互に情報のやり取りを行なうようになっていきます。
　「IoT」の主な特徴としては、「モニタリング」、「位置の把握」、「遠隔での操作」など、今まで人の力が不可欠だったところを、さまざまなセンサやデバイスを使って、少ない人数少ない費用で実現できるところにあります。

### ●モニタリング

工場や、機械の稼働状況を把握し、集中的に管理できる。

家庭での電化製品の稼働状況、防犯、農作物の生育状況など、をモニタリングできる。

### ●位置の把握

人や動物の行動把握、食品や商品など物流の把握、車や特殊車両の位置把握など人やものなどの把握を行なう。

### ●遠隔での操作

工場の機械の自動制御、家庭での家電の制御、危険地域でのロボットの稼働など、小さいものから大きなものまで稼働の制御を行なう。

今後、さらにたくさんの情報やものがインターネットに接続され活用されていきます。

「IoTの実現」には、電子工作の知識が不可欠なのです。

この項目では、実際に「micro:bit」をインターネットに接続し、「micro:bit」で取得した情報を、インターネットを経由して取得する方法を紹介していきます。

「IoTの世界」を体感してみましょう。

### ■作るシステムのイメージ

「micro:bit」にはたくさんのセンサが実装されています。

そのセンサの1つである「温度センサ」で取得した温度を、インターネット経由で「LINE」というコミュニケーションアプリで通知できるようにします。

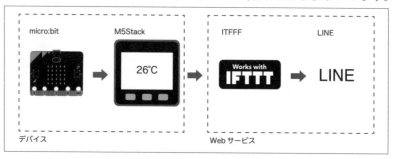

図4-121 「室温管理システム」のイメージ

　「M5Stack」という新しいデバイスが出てきますが、理由は「micro:bit」単体ではインターネットに接続ができないからです。

　インターネットに接続する部分を「M5Stack」に肩代わりしてもらう必要があります。

　「IFTTT」というWebサービスを使うと、プログラム不要でLINEなどにデータを渡すことができます。

　「micro:bit」から取得したデータを、「M5Stack」に送り、「M5Stack」からインターネット経由で「IFTTT」というサービスにデータを送って、「LINE」で通知する、というサービスを作ります。

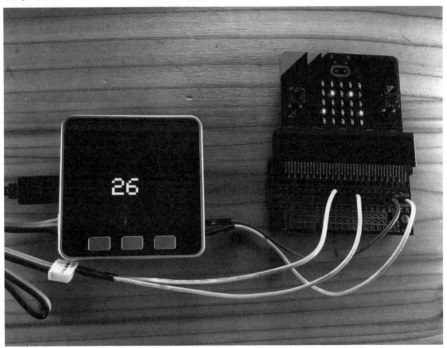

図4-122　「micro:bit」と「M5Stack」

図4-123 インターネットを介して「LINE」に温度通知

## ■用意するもの

以下のものを用意します。

・micro:bit
・MicroUSB（プログラムの書き込みを行ないます）
・PC（「MakeCode」でプログラムを作ります）
・エッジコネクタピッチ変換基板（3章で説明）
・ジャンパワイヤー（4-2「もぐらたたきゲームを作ろう」で説明）
・M5Stack（本項で説明します）
・Groveケーブル（本項で説明します）
・IFTTTのアカウント（本項で説明します）
・Arduino Web Editor（本項で説明します）
・LINEアカウント

## ■「micro:bit」用のプログラム作成

「micro:bit」にプログラムを書き込みます。

プログラムは、「ボタンを押したら温度を"シリアル通信"で送信する」というものです。

> ※「シリアル通信」とは通信方式のことで、双方向にデータのやり取りができる通信を「パラレル」と言うのに対して、一方方向の通信を「シリアル」といいます。

### 手　順

**[1]**「シリアル通信」ブロック

「MakeCode」から、「シリアル通信」メニューをクリックして、「シリアル通信」ブロックを選択して、「最初だけ」ブロックを付けます。

図4-124　「シリアル通信」ブロック

「送信端子」を"P8"に、「受信端子」を"P12"に設定します。

「通信速度」は"115200"にします。

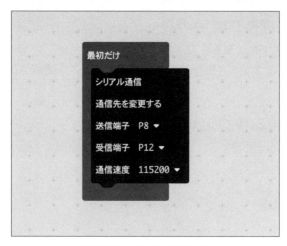

図4-125　シリアル通信の設定

　シリアル通信は一方方向にデータを送るので、「送信用」「受信用」で端子を分ける必要があります。

**[2]** シリアル通信を開始するプログラム
　続いて、「ボタンを押したらシリアル通信を開始するプログラム」の作成ですが、非常にシンプルです。

　再度「シリアル通信」メニューをクリックして、「シリアル通信を1行書き出す」を選択し、「温度」ブロックを接続します。

　そのブロックを、「ボタンAが押されたとき」ブロックに接続します。

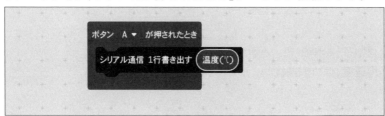

図4-126　シリアル通信を1行書き出す

**[3]** プログラムを完成させる

これで一応出来ましたが、もうちょっとだけ手を加えます。

加えた完成プログラムが下記です。

「micro:bit」が起動したことが分かるように、「最初だけ」ブロックに「アイコンを表示」ブロックを追加しました。

また、「ボタンAが押されたとき」ブロックに、「一時停止（ミリ秒）1000」を追加しました。

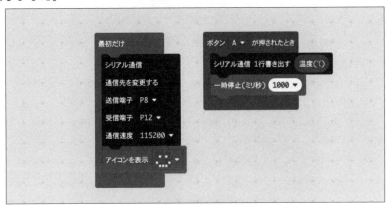

図4-127　完成プログラム

出来たら、「micro:bit」に書き込んでください。

このプログラム単体では動きが確認できないので、書き込みのみで大丈夫です。

## ■「M5Stack」用のプログラム作成

シリアル通信を行なう「M5Stack」側の設定を行ないます。

*

「M5Stack」とは、「カラーディスプレイ」「内蔵スピーカー」「microSDカードスロット」「Wi-Fiモジュール」「Bluetoothモジュール」が実装された、小型マイコンモジュールです。

「micro:bit」と似ていますが、「micro:bit」よりもやや高度な知識を求められます。

そのため、本書では「M5Stack」についての詳しい説明は控え、「micro:bit」のセンサデータをWi-Fi経由でインターネットに送るところまでを詳しく説明します。

図4-128　M5Stack

「M5Stack」のプログラミング環境は、「micro:bit」と異なります。

「MakeCode」や「MicroPython」などの、「micro:bit」の開発環境には対応していません。

「M5Stack」の開発環境は何個かありますが、より簡単にプログラムが可能になる「Arduino Web Editor」を利用します。

## 手　順

**[1]**「Arduino」の公式サイトにアクセス

「https://store.arduino.cc/digital/create」にアクセスしてください。

表示されたWebページの「GET STARTED FOR FREE」をクリックします。

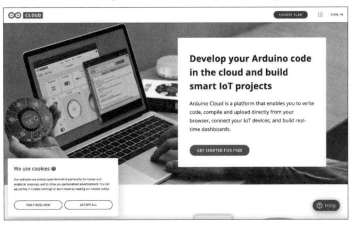

図4-129　「Arduino」公式サイト

**[2]** アカウントを作る

「Sign in to Arduino」のページが表示されるので、「アカウント」を作ります。

※「Appleアカウント」や、「Googleアカウント」でログインすることも可能です。

図4-130　アカウントの作成

※「有料プラン」がありますが、今回使う範囲であれば、無料プランで大丈夫です。
「無料プラン」は、スケッチを保存する容量が「100MB」、コンパイルが「1日
200秒」などの制限があります。

**[3]** 「Webエディタ」にアクセス

アカウントの作成後、「Webエディタ」(https://create.arduino.cc/editor)に
アクセスします。

図4-131 Webエディタ

「Arduino Web Editor」は、「Arduino IED」と呼ばれる開発環境のWebブラウ
ザ版です。

「Arduino IED」を使っている人には馴染みのある画面ですが、初めての方に
はよく分からない画面なので、簡単に説明します。

＊

左側は、「プログラムのライブラリ」や「保存したプログラムの確認」「エディ
タの設定」を行なうメニューエリアで、中央上部はプログラムの「検証」「書き
込み」を行なうエリア、中央の白いエリアが、「プログラムを作る」エリアです。

＊

下に黒いエリアがありますが、このエリアは「プログラムの書き込み状況」や、
「プログラムエラー」が表示されるエリアです。

**[4]** 新規プログラムを作る

　プログラムを作成していきます。

　左メニュー「Sketchbook」をクリックして、「NEW SKETCH」をクリックします。

> ※「Arduino Web Editor」や「Arduino IED」では、プログラムファイルのことを「スケッチ」と呼びます。

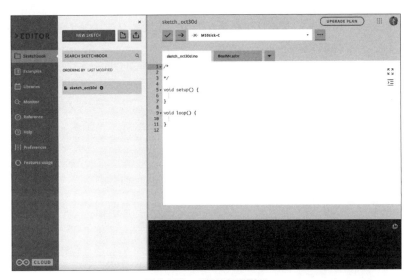

図4-132　NEW SKETCH

**[5]** 名前の変更

　新規に作られるスケッチは、初期値で名前が設定されるので、名前部分をクリックして、「sketch_m5_microbit」と名前を変更しましょう。

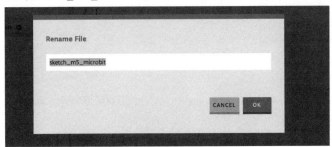

図4-133　名前の変更

**[6]** ライブラリの追加

　まずは、「micro:bit」との「シリアル通信」に必要なライブラリを追加します。

　プログラムエリアの「行番号1」にカーソルを合わせます。
　その状態で、左メニュー「Libraries」をクリックします。

　このメニューは、デバイスに必要なライブラリを追加し、使えるようにします。

　「M5Stack」用のライブラリが必要なので、検索エリアに "M5Stack" を入力します。
　検索結果エリアに "M5Stack" が表示されたら、「INCLUDE」をクリックします。

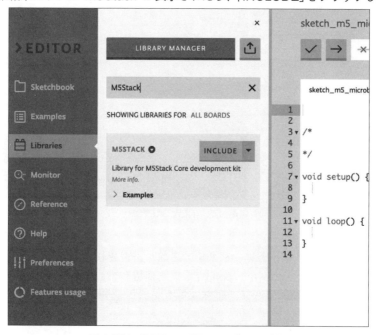

図4-134 「M5Stack」用のライブラリを追加

　中央のプログラムエリアに "#include <M5stack.h>" が表示されたら、OKです。

```
sketch_m5_microbit.ino    ReadMe.adoc        ▼
  1   // M5Stack - Version: Latest
  2   #include <M5Stack.h>
  3
  4
  5
  6 ▾ /*
  7
  8   */
  9
 10 ▾ void setup() {
 11
 12   }
 13
 14 ▾ void loop() {
 15
 16   }
 17
```

図4-135　「M5Stack」用のライブラリを追加

**[7]** プログラムの作成

「void setup() {}」とは、「micro:bit」の「MakeCode」で言うところの「最初だけ」ブロックと同じです。

最初に1回だけ読み込みたいプログラムを記述します。

「void setup」の設定

```
void setup() {
  M5.begin();
  M5.Lcd.setTextSize(2);
  Serial2.begin(115200, SERIAL_8N1, 22, 21);
}
```

「M5.bein();、M5.Lcd.setTextSize(2);」は、「M5Stackの設定」です。

「Serial2.begin(115200, SERIAL_8N1, 22, 21);」は、「M5Stack」が「Groveコネクタ」を使って「シリアル通信」を行なうために記述します。

**[8]**「シリアル通信」で「micro:bit」からデータを受け取る

「void loop() {}」は、「micro:bit」の「MakeCode」で言うところの「ずっと」ブロックと同じです。

ここには、「プログラムが動いている間に、どのような動作をさせたいか」を記述します。

「void loop」の設定

```
void loop() {
  if(Serial2.available()) {
    String values = Serial2.readStringUntil('\n');
    M5.Lcd.print(values);
  }
}
```

もし、「Serial2」にシリアル通信を受信した場合、変数「values」に受信したデータを格納して、「M5Stack」のディスプレイに「values」に格納された値を表示する、というプログラムになります。

「micro:bit」の「Aボタン」を押すたびに、シリアル通信で温度データが送られ、「M5Stack」のDisplayに表示されます。

**[9]**「ボード」と「ポート」を設定する

「M5Stack」にプログラムを書き込む準備をします。「M5Stack」と「PC」をUSB接続してください。

ページ中央あたりにあるデバイス名が書かれたエリアをクリックすると、「Select Other Board & Port」というリンクが表示されるのでクリックします。

図4-136 「ボード」と「ポート」

「BOARDS」は "M5Stack-Core-ESP32" に設定し、「PORTS」をデバイスが接続しているポートにします。

書き込みスピードを "115200" にします。
設定が出来たら「OK」をクリックします。

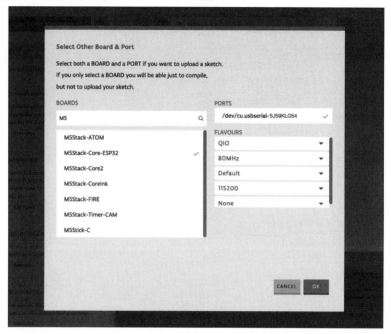

図4-137　「ボード」と「ポート」の設定

「ボード」と「ポート」の設定に問題がなければ、「✓マーク」が付きます

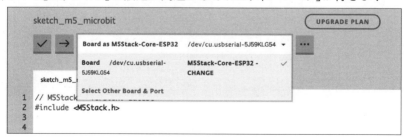

図4-138　「ボード」と「ポート」の設定完了

**[10]** プログラムの検証

これでプログラムを書き込む準備が整いました。

書き込む前に、プログラムにエラーがないか検証します。

画面左上あたりにある「✓(検証)ボタン」をクリックします。

問題がなければ、下の黒いエリアにメッセージが表示されます。

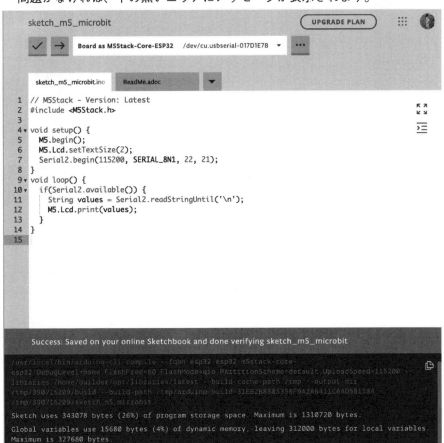

図4-139　プログラムの検証

**[11]** プログラムの書き込み

プログラムに問題がなければ「✓ボタン」の右側にある「→」ボタンをクリックしてプログラムを書き込みます。

正常に書き込めれば、メッセージが表示されます。

**図4-140　書き込みの完了**

※もし、エラーが表示された場合は、「エラーの文言」をコピーしてインターネットで検索すると、解決方法が分かる場合があります。

**[12]**「micro:bit」と「M5Stack」の接続（シリアル通信用）
　プログラム書き込み後、写真のように接続し、動作を確認します。

> ※電源は「M5Stack」から給電するので、「micro:bit」に電源は接続しないでください。

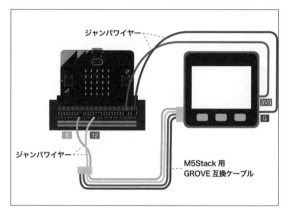

**図4-141　接続図**

　「micro:bit」を「エッジコネクタ」に接続します。

　エッジコネクタの「8番」と「12番」にジャンパワイヤーの「メス-オス」をつなぎます。

　「M5Stack」と「Groveコネクタ」を接続した後、

・「Groveコネクタ」の「黄色」と「エッジコネクタ」の「8番PIN」
・「Groveコネクタ」の「白色」と「エッジコネクタ」の「12番PIN」

を、ジャンパワイヤーで接続します。

　以上が、シリアル通信を行なうにあたって必要な配線です。

**[13]**「micro:bit」と「M5Stack」の接続（「micro:bit」への電源供給用）
　続いて、「M5Stack」側から「micro:bit」に給電するための配線を行ないます。

・「エッジコネクタ」の「3v」と「M5Stack」の「3v3」
・「エッジコネクタ」の「0」と「M5Stack」の「G」

を、ジャンパワイヤーで接続します。

図4-142　実際に接続した様子

**[14]** 動作の確認

　「M5Stack」に電源を入れて動作を確認します。

　「micro:bit」の「Aボタン」を押すと、「M5Stack」モニタに温度が表示されます。

　「micro:bit」のボタンを押すごとに、そのときの温度が「M5Stack」に表示されるので、「micro:bit」を温めたりして違いを確認してみましょう。

図4-143　温度の表示

　以上が、「micro:bit」と「M5Stack」を接続して、「シリアル通信」でデータをやり取りする方法でした。

＊

　続いて、「インターネット」に接続して、「micro:bit」から取得したデータを「IFTTT」というWebサービスに送るプログラムを作ります。

＊

**手　順**

**[1]** 必要なライブラリを読み込む

　「Wi-Fi」に接続するためにはライブラリを読み込む必要があるので、「wifi.h」というファイルを「include」します。

　「Libraries」から "WiFi FIR ESP32" を検索して「INCLUDE」をクリックします。

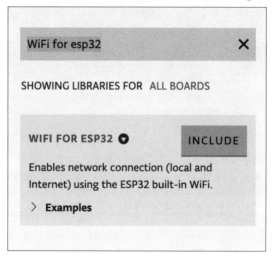

図4-144　「wifi.h」の読み込み

　"WiFi FIR ESP32" のファイルをインクルードすると、必要ないファイルもインクルードされてしまうので、「wifi.h」以外は削除します。

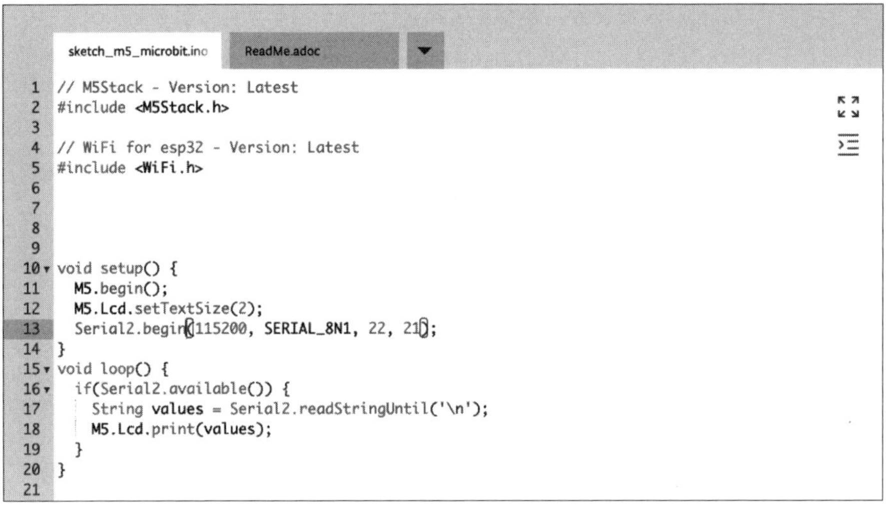

```
sketch_m5_microbit.ino    ReadMe.adoc    ▼
1   // M5Stack - Version: Latest
2   #include <M5Stack.h>
3
4   // WiFi for esp32 - Version: Latest
5   #include <WiFi.h>
6
7
8
9
10  void setup() {
11    M5.begin();
12    M5.Lcd.setTextSize(2);
13    Serial2.begin(115200, SERIAL_8N1, 22, 21);
14  }
15  void loop() {
16    if(Serial2.available()) {
17      String values = Serial2.readStringUntil('\n');
18      M5.Lcd.print(values);
19    }
20  }
21
```

図4-145　#include <WiFi.h>で読み込みは完了

\*

同様に、インターネット経由でデータを送信するために「HTTPClient.h」というファイルをインクルードします。

「Libraries」の検索エリアに "HTTPCLIENT FOR ESP32" を入力して、「INCLUDE」をクリックします。

「HTTPClient.h」の読み込み

```
// M5Stack - Version: Latest
#include <M5Stack.h>

// WiFi for esp32 - Version: Latest
#include <WiFi.h>

// HTTPClient for esp32 - Version: Latest
#include <HTTPClient.h>
```

**[2]**「接続先」の設定

接続する「Wi-Fi」の「SSID」と「パスワード」を入力します。

入力に間違いがあると、Wi-Fiにつながらないことがあるので、「SSID」「パ

スワード」に間違いが無いか、確認してください。

「HTTPClient http;」は、「M5Stack」から「HTTPリクエスト」を行なうために必要です。。

```
sketch_m5_microbit.ino    ReadMe.adoc    ▼

// WiFi for esp32 - Version: Latest
#include <WiFi.h>

// HTTPClient for esp32 - Version: Latest
#include <HTTPClient.h>

//Wi-Fi接続先
const char* ssid = "     ";
const char* password = "          ";

HTTPClient http;
```

図4-146　接続先の設定

**[3]**「M5Stack」の起動と同時に「Wi-Fi接続」を行なう
　続いて、「void setup() {}」の中身を変えていきます。

新たに「Wi-Fi接続用」のプログラムを追加しました。
「設定したWi-Fiに接続を試み、接続したらIPを表示する」というプログラムです。

「Wi-Fi接続用」のプログラム

```
void setup() {
  M5.begin();
  M5.Lcd.setTextSize(2);
  Serial2.begin(115200, SERIAL_8N1, 22, 21);

  //Wi-Fi接続
  WiFi.begin(ssid, password);
  while (WiFi.status() != WL_CONNECTED){
    delay(500);
    M5.Lcd.print('.');
  }
  M5.Lcd.print("\r\nWiFi connected\r\nIP address: ");
  M5.Lcd.println(WiFi.localIP());
}
```

**[3]**「void loop」の設定
　「void loop() {}」のプログラムを変更していきます。

　表示を見やすくしたいので、「M5.Lcd」を使って、文字の「サイズ」や「位置」を調整します。

*

　コメントアウト「//Webhook」と記述されてる箇所が、新たに追加したプログラムで、「特定のURLに対してHTTPで通知する」という仕組みです。

　記載されている「ifttt.com」というサービスは、この「Webhook」に対応しているので、「URL+データ」をセットで送ることができます。

**特定のURLに対してHTTPで通知する**

```
void loop() {
  if(Serial2.available()) {
    M5.Lcd.clear(BLACK);
    M5.Lcd.setTextSize(7);
    String values = Serial2.readStringUntil('\n');
    M5.Lcd.drawString(values, 100, 100);
    //Webhook
    char url[256];
    sprintf(url, "https://maker.ifttt.com/trigger/microbit/with/key/あなたのKey", values.toInt());
    http.begin(url);
    http.GET();
  }
  delay(1000);

}
```

　"あなたのKey"と書かれた箇所がありますが、ここには本人固有のKeyが入ります。

すべてのプログラムは、下記を確認してください。

**プログラム全文**

```
1  // M5Stack - Version: Latest
2  #include <M5Stack.h>
3
4  // WiFi for esp32 - Version: Latest
5  #include <WiFi.h>
6
7  // HTTPClient for esp32 - Version: Latest
8  #include <HTTPClient.h>
9
10 //Wi-Fi接続先
11 const char* ssid = "あなたのSSID";
12 const char* password = "あなたのpassword";
13
14 HTTPClient http;
15
16 void setup() {
17   M5.begin();
18   M5.Lcd.setTextSize(2);
19   Serial2.begin(115200, SERIAL_8N1, 22, 21);
20
21   //Wi-Fi接続
22   WiFi.begin(ssid, password);
23   while (WiFi.status() != WL_CONNECTED){
24     delay(500);
25     M5.Lcd.print('.');
26   }
27   M5.Lcd.print("\r\nWiFi connected\r\nIP address: ");
28   M5.Lcd.println(WiFi.localIP());
29 }
30 void loop() {
31   if(Serial2.available()) {
32     M5.Lcd.clear(BLACK);
33     M5.Lcd.setTextSize(7);
34     String values = Serial2.readStringUntil('\n');
35     M5.Lcd.drawString(values, 100, 100);
36     //Webhook
37     char url[256];
38     sprintf(url, "https://maker.ifttt.com/trigger/microbit/with/key/あなたのKey", values.toInt());
39     http.begin(url);
40     http.GET();
41   }
42   delay(1000);
43
44 }
```

　最後に書き込みが必要ですが、"あなたのKey"という箇所がまだ決まっていません。
　その理由は、「IFTTT」というWebサービス側での設定が必要だからです。

　プログラムはいったんここで止め、IFTTTでの設定を先に行ないます。

## ■IFTTTの設定

手　順

**[1]** アカウントの作成

　「IFTTT」の公式サイト (https://ifttt.com/) にアクセスして、アカウントを作ります。

　メールアドレスで登録する場合は、中央の "Enter your email" にメールアドレスを入力し、「GetStarted」をクリックしてアカウント作成に進みます。

> ※　「Apple」「Google」「Facebook」のアカウントを使っても、「IFTTT」のアカウント作成は可能です。

図4-147　IFTTT公式サイト

**[2]** 「新規Applet」を作る

　アカウントを作り、「https://ifttt.com/home」にアクセスすると、「MyApplets」のページが表示されます。

　「Applet」(アプレット) とは、「IFTTT」で結合できるサービスを組み合わせて出来た、レシピのようなものです。

　アカウント作成時点では「Applet」は0件なので、これから作っていきます。

画面右上の「Create」をクリックします。

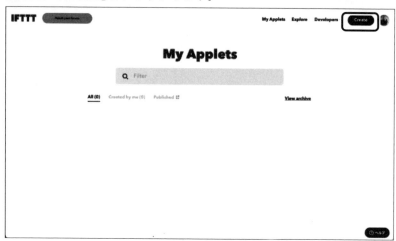

図4-148　MyApplets

「Create your own」ページに "if This" と "Then That" が表示されています。

"if This" は、トリガーとなるサービスです。

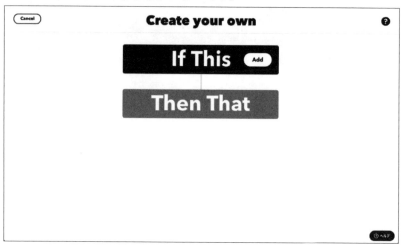

図4-149　"if This" と "Then That"

　「M5Stack」のプログラムでも触れましたが、「Webhook」を使って、特定の
URLに対してHTTPで通知を行ないます。

　「IFTTT」は「Webhook」に対応しているので、"if This"にWebhookを設定し
ていきます。

**[3]**「if This」の設定
　「if This」をクリックします。

　「Choose a servis」ページに"if This"に設定できるサービスが表示されます。
　検索エリアに"webhook"と入力すれば、webhookが表示されるので、クリッ
クします。

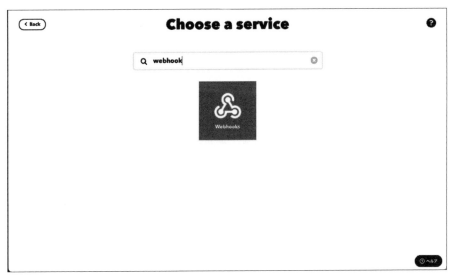

図4-150　Choose a servis

「Receive a web request」をクリックします。

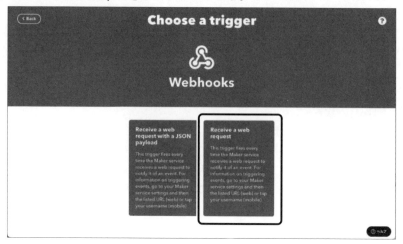

図4-151　Receive a web request

「Event Name」は「Webhook」のURLに使用します。
"microbit"と入力してください。

入力後「Create trigger」をクリックします。

図4-152　「Event Name」設定

**[3]**「Then That」の設定

"if This"の次は、「Webhook」が来たら「LINE」に通知をしたいので、"Then That"にLINEを設定します。

「Then That」をクリックします。

図4-153　「Then That」をクリック

"Then That"に設定できるサービスが一覧で表示されているので、検索画面に"LINE"を入力して絞り込みます。

図4-154　検索して「LINE」を探す

LINEを選択すると、「send message」が表示されるのでクリックします。

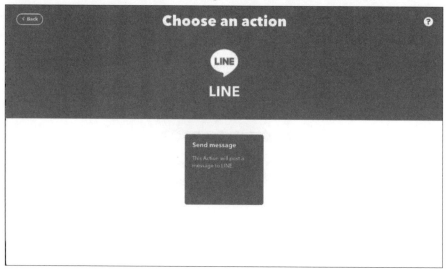

図4-155　send message

「IFTTT」で「LINE」のサービスを使う場合、最初に「LINE」との連携設定を行なう必要があります。

「Connect」を選択します。

図4-156　「LINE」との連携

「LINE」のサイトに遷移するので、「IFTTT」サイトとの連携を同意してください。
「同意して連携する」をクリックします。

図4-157　同意して連携する

LINEと連携した後、「IFTTT」のWebサイトで「LINEの設定」が続きます。

「Recipient」には、"1:1でLINE Notifyから通知を受け取る"という項目以外にも、利用者のLINEアカウントで設定しているグループが選択できます。

今回は、"1:1でLINE Notifyから通知を受け取る"を設定します。
これは「自分のみに通知が来る設定」です。

「Message」には、"温度は{{Value1}}"を設定します。
これは、「LINEに通知が来た場合に、表示されるテキスト」です。
「{{Value1}}」は、「micro:bit」で取得した値が表示されます。

設定が完了したら「Create action」をクリックします。

図4-158 LINEの設定

問題がなければ、「Continue」をクリックします。

図4-159 Continue

**[4]**「Applet」のタイトルを設定

「Applet」のタイトルはプログラムの動作に影響ないので、自由に作ります。

「Finish」をクリックしたら、「Applet」が完成です。

図4-160　「Applet」の完成

右上のメニューから「MyApplets」をクリック、もしくは、「https://ifttt.com/home」にアクセスすると、作った「Applet」が表示されます。

図4-161　作成した「Applet」

**[5]**「自分のKey」を調べる

以上で「IFTTT」の設定は終了ですが、「M5Stack」に書き込むプログラムに"あなたのKey"が必要だったのを覚えているでしょうか?

\*

最後に、「IFTTT」で「自分のKey」を調べます。

右上のメニューから「Explore」をクリック、もしくは、「https://ifttt.com/explore」にアクセスします。

中央の検索エリアに、"webhook"と入力すると、「webhook」のアイコンがついたサービスと、その下に、他の「webhook」利用者が公開している「Applet」が表示されます。

「webhook」をクリックします。

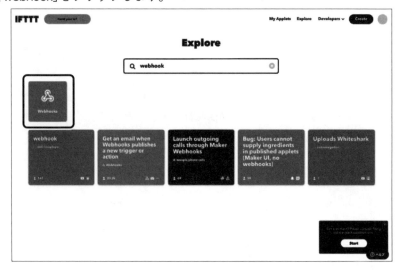

図4-162 「webhook」をクリック

続けて、中央の「Documentation」をクリックします。

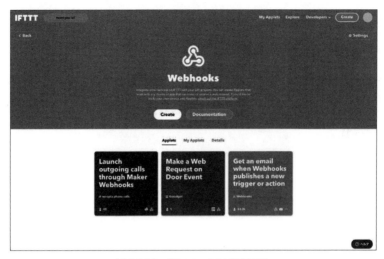

図4-163　「Webhook」の設定画面

　すると、新しいページが開き"Your Key is:"と表示されるので、その後の太
文字部分をテキストエディタなどにコピーしておきます。

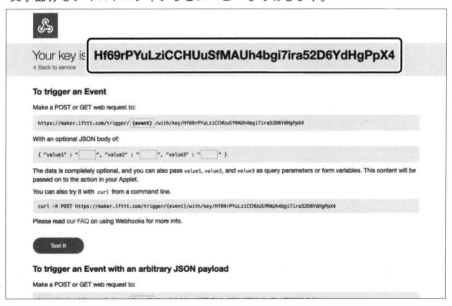

図4-164　「Your Key is…」が自分のKey

## ■「M5Stack」へのプログラム書き込み

「Key」が用意できたので、「Arduino Web Editor」に戻って、作成途中のプログラムを完成させます。

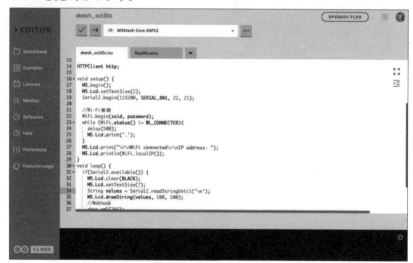

図4-165　作成途中のプログラム

「あなたのKey」を置き換える

```
void loop() {
  if(Serial2.available()) {
    M5.Lcd.clear(BLACK);
    M5.Lcd.setTextSize(7);
    String values = Serial2.readStringUntil('\n');
    M5.Lcd.drawString(values, 100, 100);
    //Webhook
    char url[256];
    sprintf(url, "https://maker.ifttt.com/trigger/microbit/with/key/あなたのKey", values.toInt());
    http.begin(url);
    http.GET();
  }
  delay(1000);
}
```

「あなたのKey」と書かれた部分を、先ほど「IFTTT」の「Webhook設定ページ」でコピーした「Key」に書き換えます。

\*

以上でプログラムは完成です。

「M5Stack」にプログラムを書き込みます。

**手　順**

**[1]** 「PC」と「M5Stack」を接続

パソコンに「M5Stack」を接続し、ボードが認識されているか確認してください。

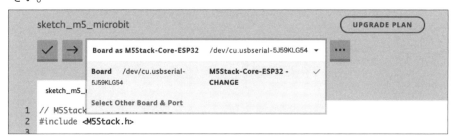

図4-166　ボードの確認

**[2]** プログラムの検証

スケッチの「✓」をクリックしてプログラムを検証します。

> ※もしエラーが出る場合は、全角のスペースや全角の""などが入ってないか、文字の打ち間違いがないか確認してください。

プログラムに問題がなければ、下記画像のような文言が表示されます。

図4-167　問題がない場合のメッセージ

**[3]** プログラムの書き込み

プログラムに問題がなければ、プログラムを「M5Stack」に書き込みます。「→」をクリックしてください。

「Hard resetting via RTS pin...」と表示されたら、書き込み終了です。

図4-168　書き込みの完了

**[4]** 「Wi-Fi接続」の確認

「M5Stack」の電源を入れ直して、「Wi-Fi」に接続できるか確認します。

もし、接続できない場合は、何度か電源を入れ直します。

それでも接続できない場合は、プログラムに記載した「Wi-Fi」設定に間違いが無いか確認してください。

接続に成功すると、「M5Stack」に次のように表示されます。

※IPは各デバイスごとに異なります。

図4-169　接続確認

**[5]** 動作の確認

「micro:bit」と「M5Stack」を接続し、再度Wi-Fiに接続します。

※デバイスの接続方法は、4-6「M5Stack用のプログラム作成」で説明しています。

「Wi-Fi接続」が確認できたら、「micro:bit」の「Aボタン」を押してください。

「M5Stack」の画面に大きく温度が表示され、設定した「LINE」アカウント宛にメッセージが届きます。

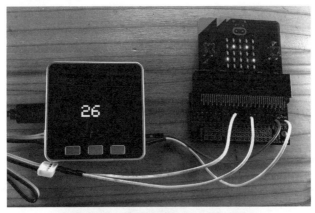

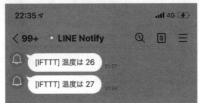

図4-170　動作確認

## ■応用編

応用編では、さらに「IoTシステム」を作り込んでみたいと思います。

＊

「micro:bit」をもう1台用意し、「micro:bit」の無線機能を使って、「microbit+M5Stack」に情報を送り、インターネットを経由して人を検知したことを「LINE」で通知する、「人検知システム」を作ります。

構成的には、新しい無線用の「micro:bit」が追加されるだけです。

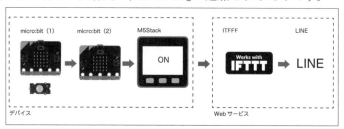

図4-171　応用編の構成

## ■「micro:bit」用のプログラム作成

人を検知する「PIRモーションセンサを接続したmicro:bit」「シリアル通信を行なうmicro:bit」で、別々のプログラムを書き込みます。

### ●「PIRモーションセンサ」を接続した「micro:bit」に書き込むプログラム

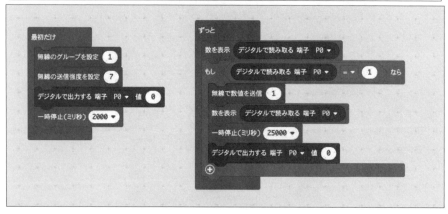

図4-172　「PIRモーションセンサ」用プログラム

図4-173　「PIRモーションセンサ」と「micro:bit v2」

「Groveエッジコネクタ」の左から2つ目の「Groveコネクタ」に、「PIRモーショ
ンセンサ」を取り付けます。

「PIRモーションセンサ」は"0"か"1"で結果を返すので、"1"の場合に無線で
送信するようにします。

●「M5Stack」を接続した「micro:bit」に書き込むプログラム

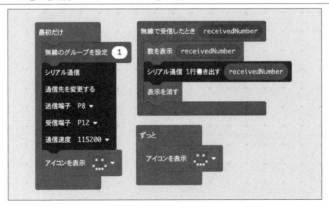

図4-174　「M5Stack」接続用プログラム

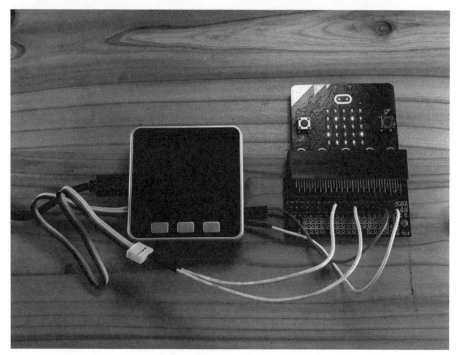

図4-175 「M5Stack」と「micro:bit v2」

　「M5Stack」を接続した「micro:bit」のプログラムは、ほとんど変わりません。
　検知した値をボタンで送るのではなく、そのまま「シリアル通信」で送っている部分が異なります。

### ●「M5Stack」のプログラム（Arduino Web Editor）

「M5Stack」のプログラム

```
     sketch_m5_microbit.in    ReadMe.adoc         ▼
1    // M5Stack - Version: Latest
2    #include <M5Stack.h>
3
4    // WiFi for esp32 - Version: Latest
5    #include <WiFi.h>
6
7    // HTTPClient for esp32 - Version: Latest
8    #include <HTTPClient.h>
9
10   //Wi-Fi接続先
11   const char* ssid = "■■■■";
12   const char* password = "■■■■■■";
13
14   HTTPClient http;
15
16 ▼ void setup() {
17     M5.begin();
18     M5.Lcd.setTextSize(2);
19     Serial2.begin(115200, SERIAL_8N1, 22, 21);
20
21     //Wi-Fi接続
22     WiFi.begin(ssid, password);
23 ▼   while (WiFi.status() != WL_CONNECTED){
24       delay(500);
25       M5.Lcd.print('.');
26     }
27     M5.Lcd.print("\r\nWiFi connected\r\nIP address: ");
28     M5.Lcd.println(WiFi.localIP());
29   }
30 ▼ void loop() {
31 ▼   if(Serial2.available()) {
32       M5.Lcd.clear(BLACK);
33       M5.Lcd.setTextSize(7);
34       String values = Serial2.readStringUntil('\n');
35       M5.Lcd.drawString(values, 100, 100);
36       //Webhook
37       char url[256];
38       sprintf(url, "https://maker.ifttt.com/trigger/microbit/with/key/あなたのKey");
39       http.begin(url);
40       http.GET();
41       delay(2000);
42       M5.Lcd.clear(BLACK);
43       M5.Lcd.drawString("OFF", 100, 100);
44     }
45     delay(1000);
46   }
```

　「M5Stack」も、プログラムの変更はほとんどありませんが、「IFTTT」に送っていた「温度」の値を削除しています。

　また、「M5Stack」のディスプレイに表示した後、2秒後に「OFF」を表示するようにしています。

## ●「IFTTT」の設定

「IFTTT」側は、「通知される文言」のみ変えます。

「PIRモーションセンサ」で人を検知したので、"人の侵入を検知しました"
とします。

図4-176 文面の変更

以上で設定は完了です。
実際に動かしてみて、人の侵入を検出してLINEに通知が来れば、成功です。

図4-177 成功すれば「LINE」に通知が来る

\*

「micro:bit」とさまざまなパーツを使えば、「IoT」を体感することが可能です。
さらにアイデア次第では、生活での課題を解決し、より便利なものを作るこ
とが可能です。

上記で紹介したサンプルを自分なりにアレンジして、アイデアを形にしてみ
てください。

# 索 引

**189**

# 索 引

# 索 引

■著者略歴

平間　久美子（ひらま・くみこ）

宮崎県出身。
2002年頃よりWeb制作に関わり、2014年からフリーランスのWebデザイナー、Web
ディレクターとして活動。
2014年から趣味で電子工作を始め、延べ100名ほどに、「はじめての電子工作(IoT)ワー
クショップ」を行なう。

ワークショップの経験を活かし、初心者向けに電子工作のWeb記事や情報を発信
している。

https://www.dreammaker.tokyo/

本書の内容に関するご質問は、
①返信用の切手を同封した手紙
②往復はがき
③ FAX (03) 5269-6031
　（返信先のFAX番号を明記してください）
④ E-mail　editors@kohgakusha.co.jp
のいずれかで、工学社編集部あてにお願いします。
なお、電話によるお問い合わせはご遠慮ください。

サポートページは下記にあります。

［工学社サイト］
http://www.kohgakusha.co.jp/

I/O BOOKS

# 「micro:bit v2」ではじめる電子工作

2021年11月30日　初版発行　©2021

著　者　平間　久美子
発行人　星　正明
発行所　株式会社工学社
〒160-0004 東京都新宿区四谷 4-28-20 2F
電話　　(03) 5269-2041 (代) ［営業］
　　　　(03) 5269-6041 (代) ［編集］
振替口座　00150-6-22510

※定価はカバーに表示してあります。

印刷：(株) エーヴィスシステムズ

ISBN978-4-7775-2176-0